Waldemar Erdmann
Lucas Weigerstorfer

Assessment Center Training

Auswahlverfahren erfolgreich bestehen

Mit zahlreichen Übungen zur Vorbereitung, Strategien, Tipps und Tricks aus erster Hand

plakos

Herausgeber:
Plakos GmbH
Vertretungsberechtigter Geschäftsführer: Waldemar Erdmann
Sitz: Willy-Brandt-Allee 31 B, D-23554 Lübeck

Website und Kontakt:
www.plakos-akademie.de
E-Mail: support@plakos.de

Facebook: plakosDE
YouTube: Plakos Akademie
Instagram: plakos_akademie
TikTok: plakos_akademie

ISBN: **978-3-948144-37-1**

Assessment Center erfolgreich bestehen

Die Plakos GmbH hat bereits tausende Bewerber mit Büchern, Online-Kursen und Apps auf Einstellungstests und Assessment Center vorbereitet. Die angesehenen Online-Tests von Plakos wurden millionenfach absolviert. Dieses Buch dient zur umfassenden Vorbereitung auf das Assessment Center.

plakos

Dein Feedback ist uns wichtig!

Sollten dir Fehler in diesem Buch auffallen oder solltest du unzufrieden mit den Inhalten oder einem unserer Produkte sein, so schreibe uns gerne eine E-Mail an support@plakos.de. Wir antworten schnellstmöglich! Antworten auf häufig gestellte Fragen findest du auch auf der Webseite plakos-akademie/kundenservice/.

Hinweis: Aus Gründen der Lesefreundlichkeit wird weitgehend auf Gendering verzichtet. Die gewählte Personenform gilt wertfrei für beide Geschlechter.

1. Auflage
Waldemar Erdmann
Lucas Weigerstorfer

Inhaltsverzeichnis

Über die Autoren

Waldemar Erdmann ist Geschäftsführer der Plakos GmbH, welche bereits seit über einem Jahrzehnt erfolgreich Webseiten für Karriereberatung und Online-Tests betreibt. Er machte seinen Abschluss an der Fachhochschule Würzburg zum Thema Skills Management Software. Er hat zahlreiche Bücher und Artikel zum Thema Eignungstests und Auswahlverfahren verfasst. Darüber hinaus entwickelt Waldemar eigenständig Apps und Online-Tests, welche Bewerber auf verschiedenste Auswahlverfahren vorbereiten. Heute lebt er mit seiner Familie in der schönen Hansestadt Lübeck.

Lucas Weigerstorfer ist Diplom-Verwaltungswirt (FH) und hat ein duales Studium in der öffentlichen Verwaltung in Bayern absolviert. Um für dieses Studium in Frage zu kommen, musste er am LPA-Test sowie dem sich anschließenden Auswahlverfahren teilnehmen.

Als Lucas die Website www.beamtentest-vorbereitung.de ins Leben rief, war es sein Ziel, ausführliche Informationen zu den einzelnen Ausbildungs- und Studienberufen im öffentlichen Dienst zu liefern. Gemeinsam mit Plakos bedient Lucas außerdem einen YouTube-Kanal mit tausenden von Aufrufen jeden Monat. Die Komplettpakete von Plakos sind digitale Kurse, die eine umfassende Vorbereitung auf Einstellungstests ermöglichen.

1. Einführung und Hintergrundinformationen

Assessment Center erfreuen sich in zahlreichen Unternehmen unterschiedlichster Branchen sowie Behörden und Stellen im öffentlichen Dienst großer Beliebtheit. Gerade größere Arbeitgeber setzen zunehmend auf diese Art der Bewerberbeurteilung. Allen voran steht das Ziel des Unternehmens, den für die gesuchte Stelle am besten geeigneten Kandidaten auszuwählen. Dabei dienen die meisten Aufgaben in einem Assessment Center dazu, gewisse persönliche Eigenschaften, die für den Erfolg im späteren Berufsleben von Bedeutung sind, zu untersuchen. Welche Eigenschaften sind das? Was entscheidet über den Erfolg im Assessment Center?

In diesem ersten Kapitel möchten wir dir einen Überblick über das Assessment Center im Allgemeinen geben. Zu Beginn dieses Buches ist es wichtig, auf die für den Erfolg im Bewerbungsverfahren maßgeblich verantwortlichen Faktoren einzugehen. Ebenso wirst du erfahren, welchen Einfluss Motivation und Kompetenz haben. Bevor wir uns in den kommenden Kapiteln noch intensiver mit den einzelnen Aufgaben und Stationen eines Assessment Center beschäftigen, werden wir auf den kommenden Seiten die wichtigsten Vorab-Fragen zum Assessment Center klären.

1.1 Einführung und Hintergründe zum Assessment Center

Ein Assessment Center (AC), zu Deutsch Einschätzungsverfahren, ist ein beliebtes Mittel der Bewerberauswahl. Sowohl Unternehmen wie auch Behörden führen Assessment Center durch, um die geeigneten Kandidaten für die zu besetzende Stelle auswählen zu können. Ein Assessment Center wird in der Regel nach einem Einstellungstest durchgeführt und stellt daher häufig die letzte Station im Bewerbungsverfahren bei einem Unternehmen dar. Umso wichtiger ist es, im Assessment Center möglichst erfolgreich abzuschneiden, da das Ziel, wie etwa das Duale Studium oder die Ausbildung, bereits in greifbarer Nähe ist. Dabei ist eine effektive Vorbereitung unerlässlich. Wer sich vorab über die Stationen und Tests in einem Assessment Center informiert, ist hier im Vorteil.

In diesem Buch und in unserem Online-Lehrgang werden wir dir alle wichtigen Stationen im Assessment Center vorstellen. Wir zeigen dir, wie du die Aufgaben Schritt-für-Schritt lösen kannst. Übungen wie die Gruppendiskussion, die Präsentation oder die Case Study zählen zu den Standard-Aufgaben und werden in diesem Buch detailliert erklärt.

Das Wort „Assessment" kommt aus dem Englischen und kann mit „Einschätzung" oder „Bewertung" übersetzt werden. Demnach dient dieses Auswahlverfahren der Einschätzung der Bewerber. Konkret interessieren den künftigen Arbeitgeber persönliche Eigenschaften, die für die zu besetzende Stelle relevant sind. Hierzu zählen die Leistungsmotivation, die Ausdrucksweise, die soziale Kompetenz sowie die Persönlichkeit der Kandidaten. Während die Bewerber die Aufgaben bearbeiten, werden sie von den Beobachtern bewertet. Diese drei bis sechs Personen, die auch als Assessoren bezeichnet werden, stellen die Jury dar, die es zu überzeugen gilt. Von den Beobachtungen, die während des Assessment Center aufgezeichnet werden, erhofft man sich, Rückschlüsse auf künftiges Verhalten ziehen zu können. Damit ist ein Assessment Center auch eine Aneinanderreihung von psychologischen Tests zur Personalauslese.

Zahlreiche Arbeitgeber bezeichnen ihr Assessment Center jedoch nicht als Assessment Center, sondern verwenden stattdessen andere Begriffe dafür, obwohl die darin vorkommenden Aufgaben exakt den Aufgaben eines klassischen AC entsprechen. Gängig sind Bezeichnungen wie Qualifizierungsworkshop, Potenzialanalyse, Recruitment Workshop, Förderseminar, Auswahlcenter oder Einstellungsseminar. Da der Titel häufig wenig über den Inhalt aussagt, ist es ratsam, vorab beim Unternehmen anzufragen, wie sich dieses Auswahlverfahren konkret gestaltet und welche Aufgaben oder Übungen darin vorkommen. Die Wahrscheinlichkeit ist jedoch sehr hoch, dass lediglich ein anderer Arbeitstitel für das AC gewählt wurde.

Die Aufgaben in einem AC können in Gruppen- und Einzelaufgaben untergliedert werden. In Gruppenaufgaben wirst du gemeinsam mit anderen Teilnehmern eine Aufgabe lösen oder eine Diskussion führen. In Einzelaufgaben wirst du allein mit einer Aufgabe konfrontiert und musst in einer vorgegebenen Bearbeitungszeit selbständig eine Lösung erarbeiten. Während die Diskussion eine beliebte Gruppenaufgabe darstellt, sind die Präsentation, die Case Study sowie die Postkorbübung allesamt Einzelaufgaben. Das Rollenspiel hat hierbei eine Sonderrolle, da du die Aufgabe zwar grundsätzlich selbständig bearbeitest, das Gespräch jedoch mit einer anderen Person, meist mit einem der Beobachter, führst.

1.2 Erfolgsfaktoren im Assessment Center

Schon jetzt wird deutlich, dass die Übungen im Assessment Center dazu dienen, die persönliche Kompetenz der Bewerber genauer zu betrachten. Während kognitive Leistungstests darauf abzielen, die fachliche Leistung in bestimmten Bereichen zu testen, zielen die Aufgaben im Assessment Center darauf ab, Näheres über die Persönlichkeit in Bezug auf für das Berufsleben bedeutende Faktoren in Erfahrung zu bringen. Dabei geht es auch um die Frage, ob du ein Mensch bist, mit dem man 35 bis 40 Stunden pro Woche zusammenarbeiten kann beziehungsweise will. Wir möchten dir bereits zu Beginn dieses Buches die Erfolgsfaktoren für das Assessment Center vorstellen.

Vorab sollte betont werden, dass eine zielgerichtete und effektive Vorbereitung der wohl bedeutendste Erfolgsfaktor überhaupt ist. Nur wer sich vorab intensiv mit dem Beurteilungsverfahren und den gängigen Übungen auseinandersetzt, kann den bestmöglichen Eindruck hinterlassen. Darüber hinaus sind es Kompetenz, Motivation und Persönlichkeit, die in jedem Auswahlverfahren geprüft werden. Diese werden wir gesondert in den Unterkapiteln 1.4 und 1.5 behandeln.

Nun soll es jedoch zunächst um zwischenmenschliche Beziehungen gehen. Wer zu einem Assessment Center eingeladen wird, hat bereits mit seinen Bewerbungsunterlagen gepunktet. Die schulischen Beurteilungen sowie gegebenenfalls weiterführende Zeugnisse und Abschlüsse sind überzeugend und das Anschreiben ist ansprechend und stimmig. Dies ist die eine Seite eines erfolgreichen Bewerbungsverfahrens. Die andere Seite ist der persönliche Kontakt, allen voran die erste Begegnung mit den künftigen Vorgesetzten im Vorstellungsgespräch oder den Beobachtern im Assessment Center. Wer bei dieser ersten Begegnung einen sympathischen, motivierten und kompetenten Eindruck erweckt, kann seinem Ziel einen großen Schritt näherkommen.

Gerade der Faktor Sympathie ist der vielleicht wichtigste Weichensteller. Im Assessment Center und auch im klassischen Bewerbungsgespräch kommt es darauf an, wie sympathisch jemand wirkt. Die Sympathie ist fest mit der Persönlichkeit des Kandidaten verbunden und fließt damit unmittelbar in die Beurteilung mit ein.

Wenn man über Sympathie spricht, geht es oftmals um den berühmten ersten Eindruck, der bei unbekannten Gesprächspartnern die Weichen in Richtung einer positiven (Sympathie) oder negativen (Antipathie) Gefühlsreaktion stellt. In einem Assessment Center gibt es mehrere solcher erster Zusammentreffen. Zum einen sind es die Kandidaten, die sich untereinander bis zu diesem Tag nicht kennen und nun gemeinsam Aufgaben wie die Gruppendiskussion bewältigen müssen. Andererseits treffen die Kandidaten auch auf die Beobachter, die bis dato ebenfalls unbekannt sind. Sympathie entsteht durch verschiedene Eindrücke, die wir von unserem Gegenüber erlangen. Dabei spielt die Sprache, also die formale/inhaltliche Sprache sowie die Sprechweise, also Lautstärke, Klang sowie der Dialekt eine Rolle. Wichtig ist dabei die Ausdrucksfähigkeit, also eine klare und verständliche Sprache, die akustisch gut zu verstehen ist. Zur Ausdrucksfähigkeit zählen auch rhetorische Fähigkeiten, also die argumentative Überzeugungskraft. Daneben zählen Merkmale wie Aussehen, Körpersprache und Kleidung ebenfalls zu den Faktoren, die über Sympathie entscheiden. Gerade als Vorbereitung auf das Assessment Center ist es sehr sinnvoll, sich mit Sympathie auseinanderzusetzen, da die Situation, mit der du dich beschäftigst, vorhersehbar ist.

Sympathie entsteht meistens aufgrund von Gemeinsamkeiten und gegenseitigem Interesse. Gemeinsamkeiten können etwa derselbe Heimatort, dieselbe schulische/berufliche Laufbahn oder das geteilte Interesse für ein Thema sein. Die Feststellung „Der denkt ja genau wie ich" führt dazu, dass man sich mit seinem Gegenüber identifizieren kann. Eigenschaften wie Motivation und Kompetenz sorgen ebenfalls für mehr Sympathie, da dies Merkmale von erfolgreichen Mitarbeitern sind. Damit Sympathie mobilisiert wird, ist es zudem förderlich, wenn beide Seiten Interesse am Gesprächspartner zeigen. Dies gilt auch für die Übungen im Assessment Center. Zeige Interesse an den anderen Diskussionsteilnehmern in der Gruppenaufgabe und stelle Fragen zu ihren Argumenten oder ihrer Meinung. Versuche, dich im Rollenspiel in die Situation deines Gesprächspartners zu versetzen, um seine Sicht der Dinge besser nachvollziehen zu können.

Zusammenfassend lässt sich feststellen, dass die drei Faktoren Persönlichkeit, wobei darin insbesondere Sympathie von Bedeutung ist, sowie Kompetenz und Motivation für den Erfolg im Assessment Center von entscheidender Bedeutung sind.

1.3 Beispiel-Ablauf eines Assessment Center

Ein Assessment Center kann sich über mehrere Tage erstrecken. Dies trifft jedoch vorwiegend auf Führungs- beziehungsweise Fach-Assessments zu. Ein Assessment Center in einem Bewerbungsverfahren dauert in der Regel einen Tag. Die Veranstaltung beginnt mit einer Begrüßung des Moderators. Einer der Beobachter wird diesen Part übernehmen und die Bewerber zu Beginn des Tages über den Ablauf informieren. Darüber hinaus führt der Moderator durch die verschiedenen Stationen. Nach einer kurzen Begrüßung wird man zur ersten Aufgabe übergehen. Nach jeder Station erfolgt eine Pause von zirka 30 Minuten. Ein zweitägiges Assessment Center könnte daher folgendermaßen aufgebaut sein:

<u>1. Tag:</u>

08:00 – 08:30	Einführung und Besprechung des Tagesablaufs
08:30 – 09:30	Gruppendiskussion
09:30 – 10:00	Pause / Zeit zur freien Verfügung
10:00 – 12:00	Rollenspiel
12:00 – 13:00	Mittagspause
13:00 – 14:30	Fallstudienaufgabe
14:30 – 16:00	Präsentationsaufgabe

<u>2. Tag:</u>

08:30 – 10:30	kognitiver Leistungstest
10:30 – 11:00	Pause
11:00 – 12:30	Postkorbübung
12:30 – 13:00	Mittagspause
13:00 – 16:00	strukturiertes Interview

In diesem Beispiel beginnt der erste Tag mit der Gruppendiskussion. Dies ist kein unüblicher Ablauf, da dieser Aufgabentyp häufig zum Beginn der Veranstaltung angesetzt wird. Zum Ende des zweitägigen Seminars erfolgt das strukturierte Interview, das, ebenso wie die Gruppendiskussion, in diesem Buch noch ausführlich behandelt wird. Das strukturierte Interview wird gerne und häufig zum Ende des Assessment Center angesetzt, da darin auf die Beobachtungen aus den vorherigen Stationen eingegangen wird und gegebenenfalls Rückfragen zum Verhalten der Bewerber gestellt wird.

1.4 Kompetenz und Motivation im Einstellungsverfahren

Bereits im Unterkapitel 1.2 haben wir gezeigt, dass das gesamte Auswahlverfahren dazu dient, herauszufinden, ob der Kandidat motiviert, kompetent und für die angestrebte Ausbildung persönlich geeignet ist. Nun möchten wir auf die Punkte **Kompetenz** und **Motivation** noch detaillierter eingehen.

Wenn es um die Frage geht, ob ein Bewerber **kompetent** ist, werden zunächst die Bewerbungsunterlagen herangezogen. Schulzeugnisse, Studienabschlüsse und viele weitere Nachweise über Fortbildungen oder Qualifikationen belegen den im Lebenslauf angegebenen Werdegang. Dein Bildungsweg gibt dir theoretische Kenntnisse mit auf den Weg, die für die zu besetzende Stelle notwendig sind. Es ist wichtig, bereits im Anschreiben aufzuzeigen, welche Fähigkeiten du mitbringst, die für die zu besetzende Stelle unerlässlich sind. Dazu gehören nicht nur theoretische Kenntnisse, die du in der Schule oder in einem Studiengang erlernst, sondern vielmehr auch persönliche Eigenschaften, von denen du überzeugt bist, dass du diese in diesem Unternehmen einbringen kannst. Falls es möglich ist, solltest du Kompetenz jedoch immer nachweisen, sei es durch Zeugnisse oder Bestätigungen über Praktika sowie ehrenamtliches Engagement. Das Kriterium Kompetenz wird im Einstellungsverfahren bereits zu Beginn geprüft. Nur wer die nach der Stellenbeschreibung erforderlichen schulischen Abschlüsse in seiner Bewerbung vorweisen kann, kommt für den Einstellungstest und das Assessment Center infrage.

Als kompetenter Kandidat kannst du deinem künftigen Arbeitgeber bei der Lösung seines Problems helfen: einen geeigneten Bewerber für die zu besetzende Stelle zu finden. Versteh dich daher als Problemlöser, da du der Bewerber bist, der die erforderliche Kompetenz vorweist. Achte dabei schon im Anschreiben darauf, dass du Bezug auf deine Fähigkeiten und Kenntnisse nimmst, die du für die zu besetzende Position mitbringst.

Ein weiteres zentrales Element, welches das Unternehmen im Bewerbungsverfahren interessiert, ist die **Motivation** des Bewerbers. In einem Vorstellungsgespräch gibt es dazu eine Frage, die wohl allen Bewerbern bekannt sein sollte: „Warum haben Sie sich bei uns beworben?" Fragen wie diese prüfen die Bewerbermotivation. Bereits im Anschreiben solltest du zu diesem Punkt Stellung nehmen und erklären, weshalb du dich ausgerechnet bei diesem Unternehmen beworben hast. Stelle dir also vorab die Frage, was dich dazu bewogen hat, dich bei diesem Arbeitgeber zu bewerben. Im Interview wird man dann auf diesen Punkt zurückkommen und dir gegebenenfalls noch Rückfragen hierzu stellen.

Im Assessment Center dient insbesondere das Interview dazu, mehr über die Motivation der Kandidaten herauszufinden. Bereits durch unser Auftreten können wir Motivation zeigen. Dies ist der erste Schritt hin auf dem Weg zum motivierten Bewerber:

- Pünktlichkeit
- angemessener Kleidungsstil (mehr dazu in Kapitel 2)
- freundlicher Gesichtsausdruck
- Blickkontakt

Dies sind zwar wahrlich keine Geheimtipps, jedoch ist dir nun klar, weshalb diese Ratschläge so oft im Zusammenhang mit der Bewerbersituation auftreten: Diese Verhaltensweisen zeugen von Motivation und Motivation wiederrum ist ein maßgebliches Kriterium für das Auswahlverfahren.

1.5 Persönlichkeit im Einstellungstest

Sowohl das Vorstellungsgespräch als auch das Assessment Center dienen dazu, mehr über die Persönlichkeit des Kandidaten in Erfahrung zu bringen. Motivation und Kompetenz der Bewerber werden bereits bei der Bewerbung und im Einstellungstest genauer untersucht. Nachdem man festgestellt hat, dass die erforderlichen theoretischen Kenntnisse gegeben sind (Bewerbungsunterlagen und Ergebnis im Einstellungstest), dient das persönliche Treffen dazu, herauszufinden, ob du mit deiner Persönlichkeit gut in das Unternehmen passt und die für die Ausbildung erforderlichen persönlichen Voraussetzungen mitbringst.

Das persönliche Interview ist meistens die abschließende Station im Assessment Center. Über Erfolg und Misserfolg im Assessment Center entscheiden in Summe natürlich alle Aufgaben, obwohl das abschließende Interview dabei ein besonders hohes Gewicht hat. Im persönlichen Gespräch bietet es sich an, dem Kandidaten Fragen zu seinen Eindrücken des Assessment Center zu stellen. Darüber hinaus werden hier gerne Rückfragen zu den vorherigen Aufgaben des Auswahlverfahrens gestellt. Wenn du als Bewerber hier Sympathie für deine Person erweckst, stehen die Chancen sehr gut, dass du für die zu besetzende Stelle infrage kommst. Es ist daher bei der Vorbereitung auf das persönliche Interview sehr sinnvoll, sich mit dem Faktor Sympathie zu beschäftigen.

Das Aufzeigen von Interesse für die Ausbildung und das Unternehmen erwecken Sympathie bei deinem Interviewpartner im Vorstellungsgespräch. Dieses Interesse kannst du auf verschiedene Art und Weise transportieren, begonnen bei einer aufrechten und dem Interviewpartner zugewandten Sitzposition. Diese geht einher mit einem freundlichen Gesichtsausdruck sowie Blickkontakt. Durch unser Auftreten können wir ebenfalls Interesse zeigen. Dazu gehört allen voran ein gepflegtes Erscheinungsbild sowie eine für diesen Termin angemessene Kleidung, auf die wir in Kapitel 2 noch genauer eingehen. Vorab sei schon einmal gesagt, dass wir im Zweifel immer einen zurückhaltend-konservativen Kleidungsstil, der ohne Kontraste auskommt und stattdessen auf unauffällige, dunkle Farben, wie Anthrazit oder Dunkelblau setzt, empfehlen.

Wer Interesse für die Ausbildung zeigt, der kommt natürlich auch pünktlich zu Interviewtermin. Allerdings solltest du nicht früher als fünf Minuten vor dem Beginn des Termins an die Tür klopfen, da zu diesem Zeitpunkt möglicherweise noch das vorherige Interview läuft.

1.6 Lernplan in vier Schritten

Ein Lernplan hilft dir bei deiner Vorbereitung auf die Einstellungsprüfung. Du solltest dir deine Woche so einteilen, dass du jeden Tag oder zumindest jeden zweiten Tag mindestens eine halbe Stunde in die Testvorbereitung investierst, anstatt dich erst wenige Tage vor dem Test mit der Vorbereitung zu beschäftigen. Lerne und wiederhole stetig. Diese kürzeren, dafür regelmäßig stattfindenden Lernphasen ermöglichen dir eine entspannte Vorbereitung, da du daneben noch Zeit für deine schulischen Aufgaben sowie Hobbys und Freizeit hast. Fange frühzeitig an und baue dein Wissen sukzessive aus. Nach einer gewissen Zeit entsteht ein Arbeitsrhythmus, der dir dabei helfen wird, kontinuierlich weiter zu üben.

Mit der richtigen Vorgehensweise kannst du viel Zeit und Energie sparen. Beim Durcharbeiten der Übungen wirst du nach einer Weile herausfinden, welche Aufgabentypen dir einfacher und welche dir schwerer fallen. Sobald dir deine Schwachstellen bekannt sind, kannst du dich intensiver mit den Aufgabentypen beschäftigen, die dir Probleme bereiten. Von nun an konzentrierst du dich auf diejenigen Aufgabentypen, bei denen es Nachholbedarf gibt. Da du schon bald wissen wirst, welche Aufgabentypen dir keine Probleme bereiten, kannst du auch im Test strategisch vorgehen und zunächst alle Aufgaben lösen, bei denen du erfahrungsgemäß keine Schwierigkeiten bekommst. Damit gehst du anschließend entspannter an deine Problemaufgaben heran. Wenn du auf diese Weise vorgehst, bereitest du dich effektiver auf den Einstellungstest vor.

Achte in jedem Fall darauf, dass du vor dem ganzen Büffeln nicht vergisst, dass es auch noch ein Leben jenseits deines Schreibtischs gibt. Zeit mit Freunden verbringen, seinen Hobbys nachgehen oder einfach einmal eine Stunde spazieren gehen helfen dir dabei, abzuschalten und auf andere Gedanken zu kommen. Das Wichtigste dabei ist aber, dass du nach der Entspannungsphase wieder aufnahmefähiger bist, neue Aufgaben besser aufnimmst und dir das Gelernte wieder besser einprägen kannst. Es mag skurril klingen, aber die Zeit, in der du nichts lernst und einfach den Dingen nachgehst, die dir Spaß machen, fördert deinen Lernerfolg. Du solltest den Punkt selbst erkennen, an dem es Zeit ist, vom Schreibtisch aufzustehen und einer anderen Tätigkeit nachzugehen. Wenn du dich nur noch mit jeder Aufgabe quälst und merkst, dass du etwas drei oder viermal hintereinander lesen musst, um den Sinn und Zweck dahinter zu verstehen, dann ist es Zeit für etwas Abstand!

Für Schüler ist es am besten, wenn zwischen der täglichen Vorbereitung auf den Unterricht, inklusive Hausaufgaben, und der täglichen Vorbereitung auf den Einstellungstest eine Pause von mindestens 60 bis 120 Minuten liegt.

Ein **Lerntagebuch** ist eine sehr gute Möglichkeit, um deine täglichen Fortschritte festzuhalten. Nach deiner täglichen Lernphase hältst du darin fest, welche Aufgaben du heute geübt hast, welche Aufgaben gut gelaufen sind und welche Aufgaben dir Probleme bereitet haben. Am besten solltest du schon von Beginn an mit dem Lerntagebuch arbeiten. Das hat mehrere positive Effekte: Zum einen erfährst du damit, welche Aufgaben du noch intensiver wiederholen musst. Zum anderen hältst du bewusst fest, welche Aufgaben du kannst und steigerst damit dein Selbstbewusstsein. Wenn du über eine längere Zeit mit dem Lerntagebuch deine Ergebnisse festhältst, wirst du immer mehr Aufgaben unter dem Punkt „Beherrsche ich" verbuchen können. Mit der Zeit sind es immer weniger Aufgaben, die unter dem Punkt „Bereitet mir Probleme" zu finden sind. Mit einem Lerntagebuch kannst du dir deine Fortschritte immer wieder vor Augen führen. Damit wird dir nach und nach bewusst, dass du immer mehr Aufgabentypen beherrschst.

Hier nun zusammengefasst dein Lernplan in vier Schritten:

- **Vermeide die folgenden drei Lernfehler:**
    - Lernfehler 1: Aufschieberitis (= Hinausschieben des Lernbeginns). Stattdessen solltest du rechtzeitig mit deiner Vorbereitung beginnen, also spätestens drei Wochen vor dem Prüfungstermin.
    - Lernfehler 2: Bulimie-Lernen (wenige Tage vor dem Test versuchen, den ganzen Stoff aufzunehmen). Stattdessen solltest du dich in kleinen Schritten vorbereiten – zum Beispiel 30 Minuten täglich in deine Vorbereitung investieren.

  - Lernfehler 3: Mangelnder Ausgleich. Achte darauf, dass du dir genug Auszeiten vom „Büffeln" nimmst! Bewegung in der frischen Luft, zum Beispiel ein täglicher 30-minütiger Spaziergang, sind sehr hilfreich
- **Vermeide gedankliches Multitasking.**
  - Wenn du Aufgaben übst, legst du dein Smartphone weg, schaltest es auf stumm oder schaltest es aus.
  - Deine Gedanken sind in der Gegenwart/bei der Aufgabenstellung – wenn du konzentriert lernst, reichen 30 Minuten Vorbereitung am Tag aus.
- **Baue Erholungsphasen in deinen Alltag mit ein.**
  - Wenn du zu lange am Schreibtisch sitzt, verkrampft dein Körper, deine Gedanken schweifen ab und deine geistige Aufnahmefähigkeit schwindet.
  - Vermeide Zuckerbomben wie Süßigkeiten, denn diese lassen dich schneller ermüden und führen zum Konzentrationsabfall – greife stattdessen zu „Brain Food" wie Nüssen oder einem Apfel.
  - Achte auf eine regelmäßige Zufuhr von komplexen Kohlenhydraten, zum Beispiel durch ein nahrhaftes Frühstück, etwa mit Haferflocken oder einem Vollkornbrot
- **Führe ein Lern-Tagebuch.**
  - Nach dem Lernen schreibst du auf, was du heute alles geübt hast (welche Lektionen und Aufgaben), welche Erkenntnisse du daraus gezogen hast und welche Aufgaben gut gelaufen sind.

1.7 Psychologische Prüfungsvorbereitung

Nun sehen wir uns einige Prinzipien aus der Psychologie an, die uns bei der Vorbereitung auf Prüfungen behilflich sein können. Probiere die im Folgenden genannten Tipps einmal in der Praxis aus und finde heraus, welche Technik dir am besten hilft.

Erhöhe deine Motivation mit der richtigen geistigen Einstellung
Mit welcher Einstellung gehst du an den Einstellungstest heran? Die allermeisten Bewerber sehen ihn als notwendige Hürde auf ihrem Weg zum Ziel – der Einstellung. Du kannst diesen Test jedoch auch als Chance sehen. Der Einstellungstest ist deine Chance, dich von deinen Mitbewerbern abzuheben und durch ein Top-Ergebnis aus der Masse an Bewerbern herauszustechen. Ein gutes Ergebnis bringt dich deinem Ziel einen Riesenschritt näher! Der Einstellungstest ist für dich, der sich gezielt und intensiv vorbereiten wird, eine Chance zu zeigen, was du kannst. Du musst dir bewusstwerden, dass sich die Vorbereitung lohnt, da dir mit einem guten Ergebnis der Weg zu einer zukunftssicheren Ausbildung offensteht. Genau mit dieser inneren Einstellung solltest du an die Vorbereitung herantreten. Am Ende wirst du dich sogar noch auf den Prüfungstag freuen, weil du jetzt endlich allen anderen zeigen kannst, was du gelernt hast.

Simuliere die Prüfungssituation
Eine weitere hervorragende Technik, die dich mental auf den Test einstimmt, ist die Simulation der Prüfungssituation. So solltest du etwa zu der Tageszeit lernen, zu der auch dein Test stattfindet. Da dein Test vermutlich vormittags stattfinden wird, kannst du den Samstag- und Sonntagvormittag für deine Lerneinheiten verwenden. Wenn du dann in der Prüfung sitzt, wirst du dich leichter mit der Situation zurechtfinden, da du geistige Arbeit zu dieser Tageszeit bereits gewohnt bist.

Neben der Tageszeit spielt auch dein Prüfungsoutfit eine Rolle. Wähle bereits Wochen vor dem Test die Klamotten aus, die du am Tag der Prüfung anziehen möchtest. Diese oder ähnliche Kleidung solltest du nun auch während deiner Lernphasen tragen. Wenn du dich zu Hause mit Stoffhose und weißem Hemd an den Schreibtisch setzt und deine Lektionen abarbeitest, wird dir schon früh die Ernsthaftigkeit der Prüfungssituation bewusst. Am Prüfungstag ist es dann für dich nichts Besonderes mehr, diese Kleidung zu tragen und währenddessen einen Test abzulegen. Im Test machst du es deinem Gehirn damit leichter, den gelernten Stoff abzurufen.

Eine weitere Möglichkeit, die Prüfungssituation zu simulieren, ist das Arbeiten unter Zeitdruck. Setze dir eine feste Zeit für eine gewisse Anzahl an Aufgaben und stelle dir zum Beispiel den Wecker auf deinem Smartphone, um dich selbst zu überprüfen. Wie lautet das Ergebnis? Hast du alle Aufgaben bearbeiten können? Von zahlreichen Bewerbern wissen wir, dass Behörden immer wieder die Zeit stoppen und für einzelne Aufgabenteile oder Arbeitsblätter einen bestimmten Zeitrahmen setzen. Kandidaten, die diese Situation nicht kennen, verunsichert diese Taktik und sie schneiden dadurch schlechter ab. Wenn du bereits zu Hause unter Beachtung der Zeit trainiert hast, schenkst du der Stoppuhr der Prüfer weniger Aufmerksamkeit. Das Ziel ist es, dass du dich durch solche Umstände nicht ablenken lässt. Derartige Maßnahmen haben unter anderem auch das Ziel, die Kandidaten unter Stress zu setzen.

Beende deine tägliche Lernphase mit einem missglückten Versuch und blicke nicht in die Lösung

Hast du schon einmal etwas vom Cliffhanger-Effekt gehört? Dieser besagt, dass sich dein Unterbewusstsein auch noch Stunden später mit nicht erledigten und ungelösten Aufgaben beschäftigt. Dieses Prinzip kannst du dir für deine Vorbereitung auf den Einstellungstest zunutze machen. Am Ende deiner täglichen Lernphase solltest du dich daher mit einem schwierigen Aufgabentyp beschäftigen, der dir zu diesem Zeitpunkt noch Probleme bereitet. Versuche, diese Aufgabe zu lösen und blicke anschließend nicht in die Lösung. Erst Stunden später oder am nächsten Tag schaust du dir die Lösung an. Dies ist eine gute Möglichkeit, um in seinen Schwächen-Aufgaben besser zu werden.

1.8 Umgang mit Prüfungsangst

Deine Stimmung am Prüfungstag ist von entscheidender Bedeutung für dein Abschneiden im Einstellungstest. Prüfungsangst kann dich blockieren und dafür sorgen, dass du, obwohl du dich hervorragend vorbereitet hast, nicht so gut abschneidest, wie du eigentlich könntest. Sie hindert dich daran, dein volles Potenzial auszuschöpfen. Ein Einstellungstest ist eine neue Situation für dich. Es ist sehr wahrscheinlich, dass dein Test an einem für dich unbekannten, neuen Ort stattfindet. Dabei triffst du auf zahlreiche neue Menschen, wie Prüfer und andere Bewerber. Es ist völlig normal, dass du an diesem Tag nervös bist. Ein gewisser Grad an Nervosität ist sogar hilfreich für dein Abschneiden, da du dich besser auf die Aufgaben konzentrieren kannst. Prüfungsangst, die kurz vor oder während deines Tests auftritt, ist jedoch kontraproduktiv. Mit diesem Abschnitt möchten wir all jenen Bewerbern, die unter Prüfungsangst leiden, helfen. Wir möchten dir nun ein paar praktische Tipps mit an die Hand geben, die dir im Umgang mit deiner Prüfungsangst helfen können.

Wenn du erfahrungsgemäß kurz vor oder während einer Prüfung in einen Stresszustand fällst, solltest du dich einige Tage oder Wochen vor der Prüfung zu Hause mit einem Stift und einem Blatt Papier an den Schreibtisch setzen und deine Gedanken zu Papier bringen. Wovor hast du Angst? Hier einige häufige Antworten von Bewerbern:

- Ich habe Angst, in dem Test zu versagen, weil ich den Stoff nicht ausreichend vorbereitet habe.
- Die Themen zur Vorbereitung auf den Einstellungstest sind so umfangreich. Ich kann mir das niemals alles merken.
- Wenn ich den Einstellungstest nicht gut bestehe, werde ich mein Ziel, die Ausbildung in der Verwaltung, nicht erreichen.

Nun bist du an der Reihe! Schreibe deine Ängste auf. Wie lautet dein Ergebnis? Sind deine Ängste ähnlich zu den oben genannten? Egal, wie deine Ängste konkret aussehen, du hast nun mehrere Möglichkeiten, wie du mit diesen aufgeschriebenen Gedanken umgehst:

Möglichkeit 1: Du nimmst dieses Blatt Papier und legst es in einen Schub in deinen Schreibtisch. Bereits das Aufschreiben dieser Gedanken kann befreiend wirken. Allein die Tatsache, dass du dich aktiv mit deinen Gedanken auseinandersetzt, kann dieser Angst den Wind aus den Segeln nehmen.

Möglichkeit 2: Falls du noch einen Schritt weitergehen möchtest, kannst du deine soeben zu Papier gebrachten Prüfungsangst-Gedanken umformulieren. Nimm dir dafür ein zweites Blatt Papier und formuliere deine negativen Gedanken um. Wir zeigen dir nun, wie du die oben genannten Gedanken umformulieren könntest:

- So denke ich anfangs immer. In vergangenen Prüfungen habe ich dann doch immer den Stoff ausreichend vorbereitet und habe schon zahlreiche Prüfungen mit Erfolg bewältigt.
- Ich beginne jetzt damit, eine Lektion nach der anderen in der Plakos-Akademie abzuarbeiten. Täglich werde ich mindestens 30 Minuten in meine Vorbereitung investieren und mir dadurch auf Dauer das nötige Wissen aneignen.
- Ich werde alles tun, um das Einstellungsverfahren mit Erfolg zu bestehen. Ich werde alle Tipps umsetzen und mich täglich auf meinen Test vorbereiten.

Denke einmal zurück an all die Prüfungen und Schulaufgaben, die du schon erfolgreich bewältigt hast. Rede dir selbst gut zu und übe fleißig, bis du dich in allen Prüfungsbereichen sicher fühlst.

Wenn du deine Gedanken aufschreibst, sollte dir bewusstwerden, dass die allermeisten davon irrationale Befürchtungen sind, die in der Realität (in der du den Einstellungstest mit Bravour bestehen wirst) nicht eintreten werden.

1.9 Fragen zum Assessment Center

Nun kannst du dein Wissen zu Kapitel 1 testen. Die folgenden Fragen beschäftigen sich mit der Einführung und den Hintergrundinformationen zum Assessment Center. Die Lösungen zu den Fragen findest du im Anschluss. Es können auch mehrere Antworten korrekt sein.

Zeit: **15 Minuten**

1. Auf die deutsche Sprache übertragen ist ein Assessment Center ...
a) ein Einschätzungsverfahren.
b) ein Testverfahren.
c) ein Prüfungsverfahren.
d) ein Auslosverfahren.

2. Welche der folgenden Faktoren wird nicht in einem Assessment Center geprüft?
a) Ausdrucksweise
b) schulische Vorbildung
c) Persönlichkeit
d) Leistungsmotivation

3. Welche der folgenden Bezeichnungen wird gerne als Synonym für ein Assessment Center verwendet?
a) Aufbauseminar
b) Vorstellungsgespräch
c) Entwicklungsseminar
d) Einstellungstest

4. Welches Bewerbungsverfahren steckt hinter der häufig genannten Bezeichnung „Qualifizierungsworkshop“?
a) Online-Vorstellungsgespräch
b) Assessment Center
c) Online-Persönlichkeitstest
d) Einstellungstest

5. Welche der folgenden Aufgaben ist eine häufige Aufgabe in einem Assessment Center?
a) kognitiver Leistungstest
b) Persönlichkeitstest
c) Case Study/Fallstudie
d) strukturiertes Interview

6. Welche dieser Aussagen sind zutreffend?
a) Assessoren werden niemals vom Unternehmen oder der Behörde selbst eingesetzt.
b) Das Assessment Center dient dazu, Persönlichkeitsmerkmale herauszufiltern.
c) Die Beobachter übernehmen immer den Gesprächsteil des Gegenübers in der Rollenspiel-Aufgabe.
d) Assessoren bewerten das Verhalten der Bewerber.

7. Welche der folgenden Aussagen trifft auf das strukturierte Interview zu?
a) Das Interview findet unter Anwesenheit der anderen Bewerber statt.
b) Im strukturierten Interview finden sich zahlreiche Fragen wieder, die auch gerne im Vorstellungsgespräch auftreten.
c) Im Interview versuchen die Beobachter erfolgskritische Bewerbereigenschaften herauszufiltern.
d) Ein strukturiertes Interview findet nur selten in einem AC statt.

8. Welche der folgenden Verhaltens- und Denkweisen sind von Bedeutung für den Erfolg im Assessment Center?
a) rechtzeitige Vorbereitung der Anreise
b) bewusste Auswahl der Kleidung
c) eine positive innere Einstellung gegenüber dem Auswahlverfahren
d) das Wissen, dass eine gezielte Vorbereitung ohnehin nicht möglich ist

9. Weshalb existieren verschiedene Bezeichnungen für ein Assessment Center, wie zum Beispiel Qualifizierungsworkshop, Entwicklungsseminar, Einstellungsseminar?
a) Es gibt neben dem Assessment Center noch diverse andere Auswahlverfahren, die alle jeweils unterschiedliche Aufgaben beinhalten.

b) Unternehmen und Behörden verschleiern damit, dass sie ein Assessment Center durchführen.
c) Die unterschiedlichen Bezeichnungen sorgen dafür, dass eine Vorbereitung erschwert wird.
d) Jedes Unternehmen entwickelt sein eigenes Auswahlverfahren mit unterschiedlichen Stationen.

10. Welche Unterlagen solltest du zu einem Assessment Center mitnehmen?
a) Stifte in verschiedenen Farben
b) Armbanduhr
c) Papier für Notizen
d) Buch zur Vorbereitung

11. Welche der folgenden Aussagen ist zutreffend?
a) Im kognitiven Leistungstest eines Assessment Center können Kenntnisse aus den Bereichen Allgemeinbildung und Konzentration abgefragt werden.
b) Ein Assessment Center kann einen Persönlichkeitstest beinhalten.
c) Ein Assessment Center besteht entweder aus Gruppen- oder Einzelaufgaben.
d) Logisch-schlussfolgerndes Denken ist für das Bewältigen der Aufgaben des Leistungstests im Assessment Center von großer Bedeutung.

12. Worauf achten Assessoren in Präsentationsaufgaben, wie zum Beispiel dem Präsentieren des Ergebnisses einer Gruppenarbeit?
a) Verständlichkeit
b) Schlüssigkeit der Argumente
c) Körpersprache
d) aktives Zuhören

13. Welche Eigenschaften werden in Präsentationsaufgaben vordergründig bewertet?
a) fachliche Kompetenz
b) kommunikative Kompetenz
c) Konzentrationsvermögen
d) Auftreten

14. Welche der folgenden Eigenschaften gehören zur sozialen Kompetenz?
a) Vorbringen inhaltlich überzeugender Beiträge
b) Problemlösungskompetenz
c) aktives Zuhören
d) Wahrnehmung der Belange anderer

15. In welchen Stationen eines Assessment Center ist überwiegend Problemlösungskompetenz gefragt?
a) Postkorbübung
b) Präsentation
c) Fallstudie/Case Study
d) Persönlichkeitstest

Lösungen

Zu 1.: a)
Das Wort „Assessment" wird in der deutschen Sprache mit „einschätzen" übersetzt. Im Assessment Center sollen die für die zu besetzende Stelle erforderlichen persönlichen Eigenschaften der Bewerber eingeschätzt werden.

Zu 2.: b)
Bereits die Bewerbungsunterlagen müssen die entsprechenden schulischen Kenntnisse vorweisen können. Zum Assessment Center werden nur Kandidatinnen und Kandidaten eingeladen, deren Bewerbung bereits überzeugt hat.

Zu 3.: c)

Zu 4.: b)
Der Begriff „Qualifizierungsworkshop" wird von Unternehmen gerne als Synonym für das Assessment Center verwendet

Zu 5.: a), b), c), d)

Zu 6.: b), d)

Zu 7.: b), c)

Zu 8.: a), b), c)

Zu 9.: b), c)

Zu 10.: a), b), c)
Eine Armbanduhr kann im Assessment Center sehr nützlich sein. Für die Vorbereitung der einzelnen Aufgaben gibt es eine Zeitvorgabe. Jedoch kann es sein, dass sich in dem Raum, der dir zur Vorbereitung gestellt wird, keine Wanduhr befindet. Um dir die Bearbeitungszeit einteilen zu können ist es daher sinnvoll, eine Armbanduhr zu tragen

Zu 11.: a), b), d)

Zu 12.: a), b), c)

Zu 13.: a), b), d)

Zu 14.: c), d)

Zu 15.: a), c)

2. Soft Skills und bewusstes Auftreten

Der Begriff „Soft Skills“ beschreibt soziale beziehungsweise zwischenmenschliche Fähigkeiten wie Kontaktfähigkeit, Kooperationsvermögen oder Sensibilität. Diese Fähigkeiten, die im Deutschen gerne unter dem Begriff „Soziale Kompetenz“ gefasst werden, zählen neben der Persönlichkeit zu den wichtigsten globalen Einstellungs- und später auch Aufstiegskriterien. Die verschiedenen Stationen im Assessment Center sollen diese Fähigkeiten sichtbar machen und sind daher so ausgelegt, dass die Kandidaten mit anderen Teilnehmern kooperieren und Problemlösungs- oder Führungskompetenz vorweisen müssen.

In diesem Kapitel beschäftigen wir uns daher ausführlich mit der sozialen Kompetenz, indem wir aufzeigen, aus welchen Bestandteilen sich diese zusammensetzt und wie sie im Assessment Center dein Ergebnis beeinflusst. Daneben werden wir klären, wie Körpersprache, Stimme und die Kleidung bewusst eingesetzt werden können, um im Assessment Center zu überzeugen.

2.1 Die Bedeutung von Soft Skills im Assessment Center

Ob sich die Kandidaten sozial kompetent verhalten, zeigt sich in den verschiedenen Stationen im Assessment Center. Die Beobachter werden darauf achten, ob du dich in der Interaktion mit anderen umsichtig und konstruktiv verhältst. Soziale Kompetenz steht daher bei Gruppenaufgaben wie einer Diskussion oder auch im Rollenspiel im Vordergrund. Es wird darauf geachtet, wie du mit den anderen Kandidaten interagierst und kommunizierst. Im Folgenden sehen wir uns die einzelnen Bestandteile von sozialer Kompetenz genauer an.

Kontaktfähigkeit

Wer kontaktfähig ist, kommt mit anderen leicht ins Gespräch. Kontaktfähige Menschen sind auch abseits einer Situation im Bewerbungsverfahren kontaktfreudig, was bedeutet, dass sie sich für andere Menschen interessieren, diesen Fragen stellen und ihnen gegenüber aufgeschlossen gegenübertreten. Manchmal wird der Begriff der Kommunikationsfähigkeit anstelle der Kontaktfähigkeit verwendet, wobei damit dieselben Eigenschaften einhergehen. Wer kommunikationsfähig ist, spricht über seine Absichten und Ziele, und erfährt mehr über sein Gegenüber. Von Bedeutung ist dies besonders im Rollenspiel. Bei dieser Aufgabe befindest du dich meist in der Rolle eines Vorgesetzten. Dir gegenüber sitzt einer der Beobachter, der die Rolle eines dir untergebenen Mitarbeiters übernimmt. Der Grund für das Gespräch kann etwa ein negatives Verhalten des Mitarbeiters sein, das sich künftig ändern soll. Kontaktfähige Bewerber fällt der Einstieg in das Gespräch einfacher. Aufgrund ihres Interesses, das sie ihrem Gegenüber zeigen, wecken sie Sympathie, was wiederum dazu führt, dass der Gesprächspartner (Mitarbeiter) eher dazu geneigt ist, über die wahre Ursache für dessen Verhalten zu sprechen. Dies ist für die Lösung der Problemsituation ein unerlässlicher Schritt.

Kooperationsfähigkeit

Kooperationsfähigkeit bedeutet, dass Ideen und Argumente anderer weitergeführt und mit eigenen Gedanken verbunden werden. Das Gegenteil davon wäre, wenn ein Teilnehmer einer Diskussion stetig versuchen würde, gegen die Vorschläge anderer vorzugehen und andauernd Gegenargumente liefern würde. Teilnehmer von Diskussionen, die auf diese Weise vorgehen, schießen sich jedoch selbst ins Abseits, da die weiteren Diskussionsteilnehmer dazu übergehen werden, miteinander gemeinsame Lösungen zu finden, die ohne die Gegenvorschläge auskommen. Das Ziel für alle Teamaufgaben im Assessment Center ist es daher, ein Teil einer gemeinsamen Lösungsfindung zu sein. Dazu gehört es, sich nicht auf Kosten anderer durchzusetzen, sondern stattdessen Erfolg mit anderen zu teilen und auf Konkurrenzdenken und Rivalität zu verzichten. Bewerber, die sich in Teamaufgaben an diesen Verhaltensweisen orientieren, werden mehr Erfolg verzeichnen können.

Informationsbereitschaft

Informationsbereite Teammitglieder versorgen andere mit wichtigen Informationen, anstatt diese zum eigenen Vorteil zu verbergen. Darüber hinaus nehmen sie sich Zeit, anderen zuzuhören und sind damit auch bereit, neue Informationen aufzunehmen. Eine Folge von Informationsbereitschaft ist es daher, dass du Lösungsvorschläge anderer kombinieren und eine gemeinsame Lösung, etwa in der Diskussionsaufgabe, vorschlagen kannst. Dies ist jedoch nur dann möglich, wenn du erkennst, was die anderen Gruppenmitglieder wollen. In Diskussionen ist es außerordentlich wichtig, dass du anderen zuhörst. Nur wer zuhört, kann an der Lösung mitarbeiten. Informationsbereitschaft ist auch im Einzelgespräch sehr wichtig, da du darin zunächst auf die Informationen deines Gesprächspartners angewiesen bist, um anschließend auf eine Problemlösung hinzuarbeiten. Die Aufgaben im Assessment Center sind bewusst derart gestaltet, dass die Bewerber diese Eigenschaften zeigen müssen, um die Aufgaben erfolgreich zu bewältigen.

Selbstkontrolle
Besonders in Rollengesprächen, in denen der fiktive Gesprächsanlass ein unerwünschtes Verhalten ist oder eine Verhandlung mit einem Kunden ansteht, ist es wichtig, in der Stimmungslage berechenbar zu sein und auf Angriffe nicht aggressiv zu reagieren. Möglicherweise wird der Gesprächspartner im Rollenspiel versuchen, dich zu provozieren. Gehe darauf nicht ein, sondern investiere deine Energie vielmehr darin, Fragen zu stellen, um dein Gegenüber dazu zu bewegen, dir die wahren Beweggründe für dessen Verhaltensweise darzulegen.

Sensibilität
Sensibilität wird als ein Teil sozialer Kompetenz auch gerne mit den Worten Empathie oder Einführungsvermögen beschrieben. Unabhängig davon, welcher Begriff verwendet wird, geht es bei Sensibilität darum, Probleme und Gefühle anderer zu erkennen und dies bei der Entscheidungsfindung zu berücksichtigen. Sensibilität bedeutet, dass du erkennst, wenn anderen ihre Positionen wichtig sind. Als achtsamer Diskussionsteilnehmer versuchst du nicht, alle anderen Diskussionsteilnehmer umzustimmen, sondern strebst stattdessen eine Lösung an, in der der andere seine Vorschläge nicht aufgeben muss. Dies kann am besten gemeinsam erreicht werden, indem du als Diskussionsteilnehmer deinen Gesprächspartner danach fragst, welche Möglichkeiten er sieht, um zu einer gemeinsamen Lösung zu gelangen.

2.2 Bewusstes Auftreten im Assessment Center

Im Assessment Center kommt es vor allem darauf an, wie du dich und deine Fähigkeiten darstellst. Wer sich und seine Fähigkeiten gut verkaufen kann, sammelt Punkte. Wie bereits oben dargestellt, ist die Sympathiemobilisierung ein Faktor, der über Erfolg und Misserfolg entscheiden kann. Obwohl die Situation eines Assessment Center eine gewisse Anpassungsleistung erfordert, darfst du nicht so weit gehen und durch dein Verhalten deine eigentlichen Charaktereigenschaften verschleiern. Gehe als du selbst in dieses Seminar! Dein künftiger Arbeitgeber möchte dich als die Person einstellen, die du bist. Darüber hinaus ist das Vorspielen falscher Charaktereigenschaften im Bewerbungsverfahren eine schlechte Voraussetzung für den Beginn am neuen Arbeitsplatz. Gemäß der Überschrift handelt dieses Unterkapitel auch von einem bewussten und keinem gekünstelten Auftreten im Assessment Center. Sehen wir uns also nun an, wie wir mit unserer Körpersprache, der Stimme sowie unserer Kleidung bewusst Signale aussenden, um einen positiven und motivierten Eindruck zu hinterlassen.

Körpersprache

Obwohl Körpersprache auch in Teamaufgaben wie der Diskussion oder im Rollenspiel von Bedeutung ist, sind es besonders die Präsentationsaufgaben, bei denen eine gute Körpersprache ein sehr großer Vorteil sein kann. Dies beginnt bereits beim Blickverhalten. Der Vortragende sollte im Laufe seiner Präsentation alle Beobachter im Blick haben. Anstatt sich nur auf einen Zuschauer zu fokussieren, ist es besser, wenn der Blick zwischen den Zuschauern wechselt. Jeder sollte das Gefühl haben, dass du ihn mit deinem Vortrag ansprichst. Bewerber, die große Schwierigkeiten damit haben, können auch einen Punkt an der Wand hinter den Zuschauern fixieren. Es ist jedoch immer besser, seine Zuschauer hin und wieder direkt anzusehen. Da der Bewerber die Präsentation im Assessment Center ausschließlich vor den Beobachtern abhält, ist es problemlos möglich, zumindest einmal in der Präsentation Blickkontakt zu jedem einzelnen der Zuschauer aufzubauen. Blickkontakt erhöht die Aufmerksamkeit und die Aufnahmebereitschaft. Darüber hinaus kannst du bei Präsentationsaufgaben einen Stift oder Moderationskarten verwenden, um deine Hände zu beschäftigen, da unruhige Hände ein Zeichen von Erregung und Nervosität sind – wir wollen natürlich möglichst wenig Nervosität ausstrahlen. Außerdem wirkt ein natürliches Lächeln zur Begrüßung der Zuschauer wesentlich authentischer und damit sympathischer als ein stetiges aufgesetztes Grinsen. Achte bei der Präsentation zudem auf eine aufrechte und gerade Körperhaltung.

Bei deiner Präsentation im Assessment Center hast du jedoch andere Gedanken im Kopf: die Gliederung, wichtige Argumente und gegebenenfalls Absprachen zum Ablauf, wenn gemeinsam mit der Gruppe ein Thema präsentiert wird. In dieser Situation wirst du wohl kaum noch freie Gedanken finden, um dir diese körpersprachlichen Aspekte vor Augen zu halten. Daher ist es wichtig, dass du dies vorab zu Hause vor dem Spiegel übst und Präsentationen vor Freunden oder der Familie hältst, damit du im Laufe der Zeit ganz automatisch all diese Punkte beachtest.

Stimme
Wenn es um Stimme geht, sprechen wir eigentlich über zwei Punkte, die von Bedeutung sind: die Lautstärke und das Sprechtempo. Die Lautstärke der Stimme in der Präsentation muss sich an die Größe des Raumes und die Anzahl an Zuschauern anpassen. Ebenso darf das Sprechtempo nicht zu schnell sein, was gerade zum Beginn der Präsentation gern passiert, da hier die Nervosität am größten ist und Bewerber dazu neigen, direkt mit dem Thema und ohne Einleitung einzusteigen. Da ein sehr schnelles Sprechtempo von Nervosität zeugt und daher unprofessionell wirkt, sollte es dein Ziel sein, dies unbedingt zu vermeiden. Verhindern lässt sich dieser Fehler, indem man sich bewusst Gedanken über seinen Einstieg in die Präsentation macht. Mehr dazu erfährst du in Kapitel 3. Sowohl in der Präsentation als auch im Rollenspiel können außerdem Sprechpausen eingesetzt werden, um wichtigen Aussagen ein besonderes Gewicht zu verleihen.

Kleidung
Falls in der Einladung zum Assessment Center nicht ausdrücklich ein Hinweis auf einen anderen Kleidungsstil genannt wird, ist bei Männern ein Anzug Pflicht. Für Bewerbungsverfahren bei Versicherungen und Banken gilt dies auch für die Krawatte. In anderen Branchen kann es sein, dass durchaus auf die Krawatte verzichtet werden kann, wobei sie in keinem

Fall einen Nachteil darstellt. In jedem Fall bist du gut beraten, wenn du dich für einen dunkelblauen, -grauen oder schwarzen Anzug entscheidest und diesen mit einem weißen oder hellblauen Hemd sowie einer einfarbigen Krawatte kombinierst und das Sakko auch während des gesamten Tages angezogen lässt. Zu diesem Kleidungsstil eignen sich braune oder schwarze Lederschuhe sowie ein ebenfalls brauner oder schwarzer Ledergürtel.

Für Frauen gibt es mehrere Möglichkeiten, sich angemessen für diesen Termin zu kleiden. Ein Kostüm oder ein Hosenanzug sowie eine Stoffhose, die mit Bluse und Sakko kombiniert wird, ist hier möglich. Auch hier sind dunkle Farben wie Anthrazit oder Dunkelblau zu empfehlen. Kombiniert wird dies am besten mit einer weißen Bluse. Wer will, kann zu diesem Outfit hochhackige Schuhe tragen, wobei dies kein Muss ist. Dunkle Lederschuhe oder Stiefel in Schwarz oder Braun sind genauso möglich. Dezenter Körperschmuck wie ein Ring oder eine Halskette können ebenfalls getragen werden.

Sowohl Männer als auch Frauen sollten am Tag des Assessment Center eine Armbanduhr tragen. Dabei kommt es weniger auf die Uhr als Schmuck beziehungsweise Accessoire an, sondern vielmehr auf die Funktion. Für die Vorbereitung einzelner Aufgaben wird dir eine Bearbeitungszeit vorgegeben. Dazu hältst du dich oftmals in einem Raum auf, in dem du die Aufgabe bearbeiten und vorbereiten kannst. Nicht immer befindet sich in diesem Raum eine Wanduhr oder ein anderer Zeitmesser. Für die Vorbereitung von Aufgaben ist es jedoch wichtig, sich die Bearbeitungszeit einteilen zu können. Mit einer Armbanduhr bist du damit stets auf der sicheren Seite.

2.3 Fragen zu Soft Skills und Auftreten

Nun kannst du dein Wissen zu Kapitel 2 testen. Die folgenden 15 Fragen beschäftigen sich mit Soft Skills und dem Auftreten im Assessment Center. Die Lösung zu den Fragen findest du im Anschluss. Es können mehrere Antworten korrekt sein.

Zeit: **15 Minuten**

1. Unter dem Begriff „Soft Skills“ versteht man ...
a) zwischenmenschliche Fähigkeiten.
b) theoretische Kenntnisse.
c) das Ergebnis im kognitiven Leistungstest.
d) alle Übungen eines AC.

2. Was gehört zur Kontaktfähigkeit?
a) sich nicht verunsichern zu lassen durch Äußerungen anderer
b) hilfsbereiter Umgang mit anderen
c) mit anderen leicht ins Gespräch zu kommen
d) auf andere zugehen können

3. Welche Reaktion ist richtig?
a) In der Gruppendiskussion versuche ich, die Argumente anderer möglichst schnell zu entkräften.
b) In der Gruppendiskussion höre ich aufmerksam zu, wenn ein Diskussionsteilnehmer seine Meinung äußert und stimme anschließend immer zu, da ich nicht als starrköpfig wahrgenommen werden möchte.
c) In der Gruppendiskussion lasse ich nicht zu, dass die Argumente anderer meine Stimmungslage beeinflussen.
d) In der Gruppendiskussion versuche ich, meine Lösung und Lösungsvorschläge anderer zu einem gemeinsamen Ergebnis zu führen.

4. Im Rollenspiel bist du in der Position einer Führungskraft. Dein Gegenspieler (ein fiktiver Mitarbeiter) erzählt dir nun von seinen Ideen, wie betriebsinterne Abläufe verbessert werden können. Welche Reaktion ist angemessen?
a) Ich höre ihm aufmerksam zu und stelle Fragen, um Interesse zu zeigen. Anschließend präsentiere ich ihm meinen Lösungsvorschlag, den ich schließlich auch um jeden Preis durchsetzen werde.
b) Ich höre ihm aufmerksam zu und stelle Fragen, um Interesse zu zeigen. Anschließend zeige ich ihm einen alternativen Lösungsweg auf und bringe seine Ideen mit in das Konzept ein.
c) Ich gebe dem Mitarbeiter unmissverständlich zu verstehen, dass die Lösungsfindung ausschließlich auf Führungsebene geschieht.
d) Selbst wenn die Vorschläge des Mitarbeiters nicht umsetzbar sind, sage ich ihm, dass ich mich bemühe, seine Ideen vor dem Vorstand vorzutragen (was ich nicht tun werde).

5. Worauf solltest du bei deiner Präsentation achten?
a) aufrechte, gerade Körperhaltung
b) deutliche Sprache
c) stetiges Lächeln
d) wechselnder Blickkontakt mit verschiedenen Zuhörern

6. Wie lässt sich die Ausdrucksweise/Sprechweise trainieren und verbessern?
a) Selbstpräsentation vor dem Spiegel
b) gezieltes formales Sprechen
c) Gespräche mit Freunden
d) sich vorstellen vor anderen

7. Welches Verhalten ist im Rollenspiel gegenüber dem Gesprächspartner (Rollenspieler) ratsam?
a) Ich warte zu Beginn ab, bis mein Gegenüber damit anfängt, sich vorzustellen.
b) Zu Beginn begrüße ich den Rollenspieler und eröffne das Gespräch.
c) Im Gespräch gehe ich auf die Ideen des Rollenspielers ein und stelle Fragen zu seinen Argumenten.
d) Im Gespräch komme ich ihm entgegen und zeige mich kooperativ.

8. Welche Verhaltensweisen sind für die Präsentation zu empfehlen?
a) wechselnder Blickkontakt zu verschiedenen Beobachtern
b) schnelles Sprechtempo, das zeigt, dass man sich schon intensiv mit dem Thema beschäftigt hat
c) bewusste Sprechpausen vor wichtigen Aussagen
d) stetiger Blickkontakt zum Moderator

9. Welche Aussage trifft zu?
a) 60 % des Eindrucks einer Person entstehen binnen Sekunden aufgrund von Äußerlichkeiten, 30 % entstehen durch die Ausdrucksweise und 10 % entstehen durch inhaltliche Argumente.
b) 30 % des Eindrucks einer Person entstehen binnen Sekunden aufgrund von Äußerlichkeiten, 10 % entstehen durch die Ausdrucksweise und 60 % entstehen durch inhaltliche Argumente.

c) 10 % des Eindrucks einer Person entstehen binnen Sekunden aufgrund von Äußerlichkeiten, 70 % entstehen durch die Ausdrucksweise und 20 % entstehen durch inhaltliche Argumente.
d) 40 % des Eindrucks einer Person entstehen binnen Sekunden aufgrund von Äußerlichkeiten, 50 % entstehen durch die Ausdrucksweise und 10 % entstehen durch inhaltliche Argumente.

10. Worauf solltest du bezüglich deiner Stimme in der Präsentation achten?
a) Sprechtempo
b) Lautstärke
c) Verwendung möglichst vieler Fremdwörter
d) gezielte Pausen

11. Welche Eigenschaft wird nicht zu den Soft Skills gezählt?
a) Informationsbereitschaft
b) Selbstkontrolle
c) Kooperationsvermögen
d) fachliche Kompetenz

12. Die Kombinationsfähigkeit meint das Kombinieren von Lösungsvorschlägen. Was ist hierunter zu verstehen?
a) dem anderen das Gefühl zu vermitteln, dass man sich seinen Wünschen annimmt
b) die Vorschläge anderer immer vor die eigenen Belange zu stellen
c) anderen Gesprächspartnern Lösungen vorzuschlagen, die auf deren Ideen beruhen
d) erkennen, worauf es dem Gegenüber wirklich ankommt

13. Welches Verhalten ist von dir als Führungskraft im Rollenspiel gegenüber dem Mitarbeiter bezüglich des Umgangs mit Informationen erwünscht?
a) Informationen werden deinerseits nur weitergegeben, falls gezielt danach gefragt wird.
b) Du gehst offen mit Informationen um.
c) Du wartest darauf, dass der Mitarbeiter sich selbst die Informationen erschließt oder informierst ihn nicht.

d) Als Vorgesetzter behältst du dir ein „Ass im Ärmel" und behältst Informationen für dich.

14. Welches Vorgehen ist sinnvoll?
a) In der Gruppendiskussion achte ich ausschließlich auf meine inhaltliche Argumentation. Die Art und Weise, wie ich etwas sage, spielt bei den Beobachtern keine Rolle.
b) In der Gruppendiskussion versuche ich, gleich zu Beginn das Wort zu ergreifen und meinen Standpunkt klarzumachen. Das bringt mir Pluspunkte bei den Beobachtern.
c) In der Gruppendiskussion werde ich versuchen, über die gesamte Dauer der Diskussion immer wieder Wortbeiträge zu liefern. Dabei gehe ich auf die Positionen anderer ein und beziehe deren Lösungsansätze in meine Ideen mit ein.
d) In der Gruppendiskussion höre ich mir zunächst alle Argumente der anderen Diskussionsteilnehmer an. Weil bekanntlich der letzte Eindruck lange im Gedächtnis bleibt, werde ich versuchen, als letzter die Diskussion abzuschließen und erst ganz zum Schluss meine Argumente vortragen.

15. Bei der Präsentation ist es wichtig, dass dich die Beobachter klar und deutlich verstehen. Eine angemessene Lautstärke beim Sprechen ist dafür eine Voraussetzung. Von welchen Faktoren hängt diese ab?
a) Größe des Raumes
b) Größe des Publikums
c) dem vorgetragenen Thema
d) der Art der Medien, die verwendet werden

Lösungen

Zu 1.: a)

Zu 2.: b), c), d)

Zu 3.: c)

Zu 4.: b)
Es ist wichtig, dass beide Seiten am Lösungsprozess beteiligt werden und ihre jeweiligen Ideen mit in das Konzept einfließen (Kooperationsvermögen).

Zu 5.: a), b), d)
Zu Beginn einer Präsentation strahlt ein natürliches Lächeln Selbstsicherheit aus. Es ist jedoch nicht nötig, dies über den gesamten Zeitraum aufrecht zu erhalten.

Zu 6.: a), b), d)
Ein Gespräch mit Freunden trainiert gerade nicht die formale Ausdrucksweise, die in einem AC gefordert ist, da wir hier in einer gewohnten Situation sind, während in einem AC eine künstliche Situation erzeugt wird.

Zu 7.: b), c), d)
Antwort b) zielt auf Kontaktfähigkeit ab, Antworten c) und d) auf Kooperationsvermögen.

Zu 8.: a), c)

Zu 9.: a)

Zu 10.: a), b), d)

Zu 11.: d)

Zu 12.: c), d)

Zu 13.: b)

Zu 14.: c)

Zu 15.: a), b)

3. Präsentation

In diesem Kapitel werden wir uns mit der Präsentationsaufgabe beschäftigen. Die Präsentation ist die im Assessment Center am häufigsten vorkommende Aufgabe und tritt in so gut wie jedem AC auf. Jeder Kandidat, der sich gezielt vorbereiten möchte, muss sich mit dieser Aufgabe auseinandersetzen. Je nach Aufgabenstellung kannst du für deine Präsentation auch ein Flip Chart oder ein Whiteboard zur Veranschaulichung deines Vortrags heranziehen. Der Anlass der Präsentation kann verschieden sein, wie zum Beispiel ein Ergebnis einer Teamaufgabe, das präsentiert wird, eine Selbstpräsentation oder das Ergebnis einer Case Study, das nun vor den Beobachtern vorgestellt werden soll.

3.1 Einführung in die Präsentation

Die Beobachter achten in der Präsentationsaufgabe auf das Auftreten, die Überzeugungsfähigkeit sowie das Ausdrucksvermögen des Vortragenden. Damit all diese Faktoren gegeben sind, muss jedoch zunächst die Präsentation strukturiert aufgebaut und das Vorgehen des Redners nachvollziehbar sein. Der Aufbau einer Präsentation gliedert sich immer in die drei Abschnitte Einleitung, Hauptteil und Schluss. Wusstest du, dass insbesondere die Einleitung und der Schluss für den Erfolg der Präsentation entscheidend sind? In der Phase der Einleitung ist die Nervosität des Vortragenden am größten. Da zugleich die Aufmerksamkeit des Publikums in dieser Anfangsphase am größten ist, fallen Versprecher, Fehler oder ähnliches stärken ins Gewicht. Gerade die Eindrücke, die die Zuschauer zum Beginn und zum Ende der Präsentation gewinnen, bleiben besonders im Gedächtnis und beeinflussen mit höherer Wahrscheinlichkeit den Gesamteindruck, der sich im Ergebnis widerspiegelt.

Während der Vorbereitungszeit der Präsentation sollten daher auch die Einleitung und der Abschluss geplant werden, um in diesen wichtigen Phasen eines Vortrags nichts dem Zufall zu überlassen. Für den Fall, dass die Vorbereitungszeit zu knapp bemessen ist und nicht mehr ausreicht, um sich Gedanken über alle Argumente und Gliederungspunkte des Hauptteils zu machen, ist es sinnvoll, sich in der verbleibenden Vorbereitungszeit Gedanken zur Einleitung und dem Hauptteil zu machen. Sollte dir oder deiner Gruppe die Vorbereitungszeit nicht ausreichen, so würden wir es keinesfalls empfehlen, sich in der Präsentation dafür zu entschuldigen oder darauf hinzuweisen, dass man das Thema nicht in der vorgegebenen Zeit aufarbeiten konnte. Vielmehr darf zu keinem Zeitpunkt des Vortrags dieser Eindruck entstehen. Haltet eure Präsentation selbstbewusst und lasst euch zu keinem Zeitpunkt anmerken, dass ihr eure Vorbereitung eigentlich nicht abschließen konntet. Im Zweifel ist es immer noch besser, zu improvisieren, anstatt schon zu Beginn mit einer Bitte um Verzeihung einzusteigen.

Zum Beginn deiner Präsentation stellst du dich als die Person vor, die im Arbeitsauftrag beschrieben wird. In den verschiedenen Stationen des Assessment Center bearbeitest du Aufgaben in der Rolle eines fiktiven Mitarbeiters eines Unternehmens. In dieser Rolle hältst du auch deine Präsentation. Neben der Vorstellung deiner Person dient die Einleitung vor allem dazu, Interesse für das Thema zu wecken. Möglichkeiten für einen spannenden Einstieg in das Thema können eine rhetorische Frage, eine Metapher oder eine These sein.

Bevor im kommenden Unterkapitel zwei bedeutende Argumentationstechniken für den Hauptteil der Präsentation vorgestellt werden, möchten wir dir zuvor noch einige wichtige Tipps für den Abschluss der Präsentation mitgeben. Wie auch während der Einleitung ist in diesem Teil der Präsentation die Aufmerksamkeit der Beobachter besonders hoch.

Der Abschluss sollte ein Fazit beziehungsweise eine Zusammenfassung der Präsentation bilden. Dabei bietet es sich an, die Kernaussagen und die wichtigsten Argumente des Vortrags zusammenzufassen. Idealerweise gelingt es dir, eine Brücke zu deiner Einleitung zu schlagen und zum Beispiel eine Frage, die du zum Beginn deines Vortrags gestellt hast, nun anhand der im Hauptteil dargelegten Argumente zu beantworten. Dies lässt deine Präsentation „rund“ erscheinen und zeigt, dass du das Konzept durchdacht hast. Des Weiteren eignen sich ein Appell, eine Empfehlung oder ein positiver Ausblick für den Abschluss der Präsentation.

3.2 Argumentationstechniken für die Präsentation

Nachdem im vorherigen Unterkapitel 3.1 Einleitung und Abschluss einer gelungenen Präsentation vorgestellt wurden, geht es jetzt um den

Hauptteil. Wie oben beschrieben, ist die Aufmerksamkeit der Zuschauer gerade zu Beginn sowie am Ende der Präsentation besonders hoch. Dies bedeutet jedoch keinesfalls, dass der Aufbau des Hauptteils nicht relevant wäre. Im Hauptteil überzeugst du die Beobachter von deinen Ergebnissen beziehungsweise von der von dir vorgeschlagenen Vorgehensweise oder dem Ergebnis eurer Teamaufgabe. Dabei ist es am wichtigsten, dass deine Argumente die Beobachter überzeugen. Sehen wir uns dazu **zwei Argumentationstechniken** an, mit denen du deinen Hauptteil gestalten kannst:

Eine Möglichkeit, seinen Hauptteil zu gliedern, ist die **Fünf-Satz-Technik**. Dabei stellst du zunächst die Ausgangslage vor. Diese ergibt sich aus der Aufgabenstellung, die wiederum die aktuelle Situation beschreibt und sich daher sehr gut für diesen Schritt eignet. Nachdem du die Ausgangssituation geschildert hast, gehst du auf das Problem ein, das sich aus dieser Situation ergibt. Sowohl eine Case Study als auch die Gruppenaufgaben zielen darauf ab, dass die Kandidaten eine Lösung für ein Problem erarbeiten müssen, das aktuell vorliegt.

Im dritten Schritt zeigst du nun auf, welche Folgen dieses Problem haben kann. Anschließend präsentierst du im vierten Schritt die Arbeit deines Teams beziehungsweise deinen Lösungsvorschlag. Im weiteren Verlauf dieses Unterkapitels erfährst du, wie man ein überzeugendes Argument aufbaut.

Den Abschluss und damit den fünften Schritt bildet das Ergebnis deiner Arbeit. In diesem letzten Schritt zeigst du auf, welche (positiven) Folgen das von dir vorgeschlagene Handeln haben wird und gibst damit einen Ausblick auf die Zukunft.

Ausgangslage

1. Schritt

„Daraus ergibt sich ..."

2. Schritt

„Die Folge ist ..."

3. Schritt

„Schließlich folgt daraus ..."

Ergebnis/Appell

Eine weitere Möglichkeit, den Hauptteil der Präsentation sinnvoll zu gliedern, ist die Gegenüberstellung. Diese ist eine Variante der Fünf-Satz-Technik, die sich besonders für Präsentationen im Anschluss von Gruppendiskussionen eignet. In Gruppenaufgaben werden häufig verschiedene Lösungsansätze vorgegeben, bei denen sich die Gruppe auf einen Vorschlag einigen muss. Zum Beginn wird, genauso wie bereits bei der klassischen Vorgehensweise, die Ausgangslage dargestellt. Daraufhin wird jedoch zunächst eine Lösung als Möglichkeit vorgestellt, für die sich die Gruppe gerade nicht entschieden hat, sozusagen die Gegenposition, die nicht der Lösung entspricht, auf die sich die Gruppe geeinigt hat. „Eine Möglichkeit, dieses Problem zu lösen, wäre es, (...). Jedoch hat sich unser Team darauf geeinigt, in dieser Situation wie folgt vorzugehen (...)"

Wie du erkennst, schwenkt die Präsentation im Anschluss dazu um, die von der Gruppe erarbeitete Lösung vorzuschlagen. Nachdem auf die alternative Lösung eingegangen wurde, kann durch eine Einleitung wie

„In diesem Fall überwiegen jedoch die Vorteile für (...)“ zu der eigentlichen Lösungsstrategie übergegangen werden. Im Anschluss folgt die ausführliche Vorstellung der von der Gruppe gewählten Lösungsstrategie. Daraufhin findet eine Abwägung der beiden Vorgehensweisen statt, wobei Vor- und Nachteile beider Strategien gegenübergestellt werden. Abschließend erfolgt das Fazit, in dem erklärt wird, dass die Vorteile für die gewählte Lösung überwiegen.

Ausgangslage
„Die Situation gestaltet sich wie folgt ...“

Position A
(Gegenvorschlag)
„Eine Möglichkeit wäre ...“

Position B
(eigene Position)
„Jedoch überwiegen die Vorteile hier ...“

Abwägung
„Die Vor- und Nachteile beider Alternativen müssen verglichen werden ...“

Fazit
„Am Ende überwiegen die Vorteile der Position B, da ...“

3.3 Praxistipps für die Präsentation

Wenn du mit der Bearbeitung der Präsentationsaufgabe beginnst, solltest du dir zuerst Gedanken über das Ziel der Präsentation sowie die Zielgruppe und die Kernbotschaft machen, ehe du damit beginnst, Einleitung, Hauptteil und Schluss zu erstellen. Die Aufgabenstellung liefert dir alle notwendigen Informationen. Darin wird in der Regel zunächst die aktuelle Situation beschrieben, in der sich das Unternehmen befindet. Wir erinnern uns: In der Präsentationsaufgabe übernimmst du häufig die Rolle eines Mitarbeiters eines Unternehmens, der ein bestimmtes Thema vorstellen muss. Zum Beginn dieser Aufgabe musst du die Rahmenbedingungen klären, unten denen dein Vortrag stattfindet. Du musst dir schon anfangs Gedanken über das Ziel der Präsentation machen, da sich dein Vortrag danach ausrichten muss. Je nach Zielrichtung können andere Unterlagen relevant sein. Ist es das Ziel des Vortrags, dass du einen Bericht über die Umsatzentwicklung im letzten Quartal ablegen musst? Dient die Präsentation dazu, eine neue Marketingstrategie vor den anderen Abteilungsleitern vorzustellen? Sollen Ideen für ein neues Produkt vorgestellt werden? Deine Präsentation kann beispielsweise von einer dieser Fragen handeln.

Der nächste Schritt ist es, sich kurz die Zielgruppe zu notieren. Gemäß deiner Aufgabenstellung hältst du deinen Vortrag nicht vor den Beobachtern, sondern etwa vor den Mitgliedern des Vorstands des Unternehmens. Die Frage, wie sich dein Publikum zusammensetzt, bestimmt über die Bedeutung einzelner Daten, die dir zur Vorbereitung deiner Präsentation zur Verfügung stehen. Wenn eine Präsentation vor den Mitarbeitern deiner Abteilung abgehalten wird, können andere Informationen von Bedeutung sein, als wenn dieser Vortrag vor den Vorständen des Unternehmens gehalten wird. Als Faustformel kann man hierzu sagen, dass insbesondere die höhere Führungsebene sehr großen Wert auf Kennzahlen legt. Sollte die Aufgabenstellung also entsprechende Zahlen bereithalten, musst du diese in jedem Fall in deinen Vortrag mit einbinden.

Zugleich ist es ratsam, sich zu Beginn der Bearbeitungszeit Gedanken über die zeitliche Aufteilung der Vorbereitungszeit zu machen. Für die Durchforstung der Unterlagen sowie für das Erstellen eines Konzepts wird dir eine Bearbeitungszeit gewährt. Einen Teil dieser Zeit musst du womöglich schon für die Gestaltung deiner Präsentationsmittel wie Tafel oder Whiteboard verwenden. Allein hierfür musst du, falls Präsentationsmedien gewünscht sind, ein Drittel der Zeit berechnen. Zugleich solltest du zügig damit beginnen, die Unterlagen und Informationen, die dir zur Vorbereitung bereitgestellt werden, zu durchforsten und dich nicht allzu lange mit der Aufgabenstellung selbst zu beschäftigen.

Zu Beginn deines Vortrags nimmst du eine zentrale Position im Raum ein. Bestenfalls stellst du dich direkt mittig ein paar Meter vor die Beobachter, sodass alle einen guten Blick auf dich haben. Du selbst bist der Mittelpunkt der Präsentation und nicht das Flip Chart oder ein ähnliches Präsentationsmittel. Damit strahlst du von Anfang an Selbstbewusstsein aus. Achte zudem darauf, nicht schon während den ersten Sätzen der Einleitung im Raum auf- und abzugehen, sondern bleibe die ersten 30 Sekunden an deinem Platz stehen, da ansonsten der Eindruck von Unsicherheit erweckt werden kann. Im weiteren Verlauf deiner Präsentation darfst du dich frei im Raum bewegen, und solltest dies auch tun, da dies dem Redefluss dienlich ist und einen souveränen Eindruck erweckt.

Um zappelnde Hände zu vermeiden, kannst du auf Moderationskarten oder einen Flip Chart Marker zurückgreifen, um deine Hände zu beschäftigen. Ebenso ist es möglich, die Hände auf Höhe des Bauchnabels zu halten. Dahingegen sind Gesten wie verschränkte Arme oder Hände in den Hosentaschen nicht zu empfehlen, da diese keinen einladenden Eindruck erwecken. Genauso solltest du es vermeiden, die Hände hinter dem Rücken zu halten.

All dies muss zu einem Automatismus werden, wenn du damit beginnst, vor mehreren Personen zu sprechen. Das Üben von Präsentationen ist daher essenziell dafür, um bei dieser Aufgabe im Assessment Center die Beobachter von sich zu überzeugen. Es ist unmöglich, sich aktiv über all diese Aspekte Gedanken zu machen, während man im Assessment Center unter Anspannung und Zeitvorgabe ein Thema vorbereitet. Dein Ziel muss es demnach sein, dass du dir über diese Punkte überhaupt keine Gedanken mehr machen musst, da du sie ohnehin richtig machst. Dafür ist es jedoch notwendig, in den Wochen vor dem Assessment Center regelmäßig, ja fast täglich, eine kurze Präsentation, und wenn es auch nur eine Selbstvorstellung ist, abzuhalten. Dafür benötigst du auch kein Publikum, da es nur darauf ankommt, dass du im Stehen damit beginnst, in Hochsprache über ein Thema zu sprechen, während du diese Tipps zu Mimik und Gestik beachtest. Halte deinen Vortrag vor einem Spiegel oder filme dich mit deinem Smartphone und beobachte, was du an deinem Gesamtauftritt noch ändern kannst. Sieh dir das Video von dir an und gehe dazu parallel die Punkte dieses Kapitels durch. Überprüfe dich selbst und schreibe auf, welche Tipps du noch verinnerlichen musst. Die Vorbereitung auf die Präsentation erfordert kein Publikum, obgleich du natürlich vor deinem Partner oder Freunden sowie der Familie einen Vortrag halten kannst oder dich selbst vorstellen kannst, um dir anschließend Feedback einzuholen.

3.4 Fragen zur Präsentation

Nun kannst du dein Wissen zu Kapitel 3 testen. Die folgenden 15 Fragen beschäftigen sich mit der Präsentation im Assessment Center. Die Lösung zu den Fragen findest du im Anschluss. Es können mehrere Antworten korrekt sein.

Zeit: **15 Minuten**

1. Welche Themen/Aufgabenstellungen kommen in Präsentationsaufgaben häufig vor?
a) Selbstpräsentation
b) unternehmensspezifische Themen
c) globale Themen
d) Vorstellung des Ergebnisses der Gruppendiskussion

2. Welche Vorgehensweisen sind ratsam?
a) In der Vorbereitungszeit für die Präsentation mache ich mir bereits Gedanken über die Einleitung und den Abschluss meines Vortrags.
b) Ich nutze einen Teil der Vorbereitungszeit, um meine Präsentationsmittel wie Whiteboard oder Flip Chart vorzubereiten.
c) Die Vorbereitungszeit nutze ich vollkommen damit, meine Argumente und Vorgehensweise für den Hauptteil meines Vortrags aufzubauen, da die inhaltliche Argumentation mit Abstand der wichtigste Teil meiner Präsentation sein wird.

d) Da auf Präsentationsmittel und Vortragstechniken kaum Wert gelegt wird, gestalte ich das Flip Chart noch schnell in den letzten fünf Minuten meiner Vorbereitungszeit.

3. Welche Kriterien sind für die Beobachter bei Präsentationsaufgaben von Relevanz?
a) Einsatz der Präsentationsmittel
b) Überzeugungsfähigkeit der Argumente im Hauptteil
c) Ausdrucksvermögen des Vortragenden
d) strukturiertes Vorgehen

4. Welche Aussage ist korrekt?
a) Der logische Aufbau des Hauptteils ist der wichtigste Erfolgsfaktor einer Präsentation.
b) Die Fünf-Satz-Technik ist besser als die P-A-R Technik geeignet, um Problematiken darzustellen.
c) Entscheidend für den Erfolg einer Präsentation sind Einleitung und Schluss, da die Aufmerksamkeit der Zuschauer dabei am größten ist.
d) Die Einleitung spielt für den Erfolg eines Vortrags keine Rolle, da bekanntlich der letzte Eindruck, also der Abschluss, zählt.

5. Auf welche Punkte sollte man beim Lesen der Aufgabenstellung zur Präsentation achten?
a) die Beschreibung der Unternehmensgeschichte
b) die Beschreibung der Rolle, in der sich der Bearbeiter befindet
c) die Beschreibung des Publikums, vor dem der Vortrag gehalten wird
d) die Beschreibung des persönlichen Hintergrunds der Zuschauer

6. Wozu dient die Einleitung einer Präsentation?
a) Zusammenfassung der Argumente des Hauptteils
b) Interesse beim Publikum für das Thema wecken
c) möglichst schnellen Übergang zum Hauptteil finden
d) Begrüßung des Publikums

7. Welche Vorgehensweise ist ratsam, falls die Bearbeitungszeit der Präsentationsaufgabe nicht ausreichte, um einen vollständigen Vortrag vorzubereiten?
a) Gleich zu Beginn der Präsentation sollte man sich dafür entschuldigen, dass leider nicht genug Zeit für die Vorbereitung zur Verfügung stand.
b) Die Präsentation wird abgehalten, soweit das Thema vorbereitet wurde; zu keinem Zeitpunkt wird erwähnt, dass die Vorbereitungszeit zu knapp bemessen war.
c) Erst zum Abschluss der Präsentation wird darauf hingewiesen, dass die Vorbereitungszeit nicht ausreichend war.
d) Mit der Verabschiedung zum Ende des Vortrags erfolgt eine Entschuldigung gegenüber dem Publikum, dass leider nicht genügend Zeit für eine vollständige Vorbereitung gefunden wurde.

8. Welche der folgenden sind gute Möglichkeiten für einen spannenden Einstieg in die Präsentation?
a) rhetorische Frage
b) Zitat
c) direkter Einstieg mit einem Argument aus dem Hauptteil
d) positiver Ausblick für die Zukunft

9. Welche der folgenden sind gute Möglichkeiten für einen spannenden Abschluss der Präsentation?
a) Zusammenfassung der Kernaussagen
b) Analyse der Ist-Situation
c) erneute Kurzanalyse der Ausgangslage
d) Empfehlung für künftiges Handeln

10. Welche Vorgehensweise ist für den Abschluss der Präsentation zu empfehlen?
a) Nach dem Abschluss des Vortrags bleibt der Vortragende vor den Zuschauern stehen und wartet mögliche Rückfragen ab.
b) Nach dem Abschluss fragt der Vortragende gezielt bei einzelnen Zuschauern nach, ob diese noch Fragen haben.
c) Nach dem Abschluss der Präsentation geht der Vortragende von der Bühne
d) Es ergeht ein Hinweis an die Zuschauer, dass man für eventuelle Rückfragen zur Verfügung steht.

11. Die P-A-R-Technik ist eine sinnvolle Möglichkeit, um Argumente aufzubauen. Was ist hierbei der erste Schritt?
a) ausführliche Vorstellung des geplanten Vorgehens
b) Vorstellen der Ist-Situation
c) Eingehen auf das Problem
d) Verbesserungsvorschläge aufzeigen

12. Womit kann man nach der P-A-R-Technik ein Argument abschließen?
a) die geplanten Aktionen zur Verbesserung des Ist-Zustands vorstellen
b) Schwachstellen der jetzigen Situation aufzeigen
c) Resultat der Aktionen präsentieren
d) Ausblick auf die zukünftige Aktion

13. Welche der folgenden Aussagen würden einen guten Einstieg in eine Präsentation bieten?
a) „Sehr geehrte Damen und Herren, mein Name ist Lisa Müller und ich bin in die Leiterin der Marketingabteilung. Ich möchte Sie recht herzlich zu meiner Präsentation über die Absatzentwicklung unserer neuen Produkte im letzten Quartal begrüßen!"
b) „Sehr geehrte Damen und Herren, ich möchte direkt einsteigen und Ihnen aufzeigen, mit welchen konkreten Schritten wir die Absätze unserer neuen Produkte verbessern können."
c) Sehr geehrte Damen und Herren, ich möchte Ihnen direkt die Ergebnisse unserer Untersuchung zu den Absatzzahlen vorstellen. ..."
d) „Sehr geehrte Damen und Herren, die folgenden drei Schritte sind essenziell für die Verbesserung unserer derzeitigen Absatzzahlen. ..."

14. Welche Aussage stellt einen gelungenen Abschluss einer Präsentation dar?
a) „Nun möchte ich Ihnen unsere ausführlichen Ergebnisse der Untersuchung vorstellen."
b) „Das Problem stellt sich derzeit wie folgt dar: ..."
c) „Nachdem diese soeben vorgestellten Maßnahmen umgesetzt wurden, ist damit zu rechnen, dass sich das operative Gesamtergebnis bis zum Ende des nächsten Quartals um 15 bis 20 % steigern wird."
d) „Zusammenfassend lässt sich also sagen, dass die Varianten a und b die bestmöglichen Optionen sind, um das angestrebte Ziel noch innerhalb dieses Geschäftsjahres zu erreichen."

15. Welche Anordnung von Argumenten bietet sich für eine überzeugende Präsentation an?
a) Zu Beginn wird das schwächste Argument präsentiert. Es folgen die stärkeren Argumente, bis am Schluss das Argument mit dem größten Gewicht vorgestellt wird.
b) Zu Beginn wird das stärkste Argument präsentiert. Es folgen die schwächeren Argumente.
c) Zu Beginn wird das zweitstärkste Argument vorgestellt. Danach folgen die schwächeren Argumente, am Ende wird das stärkste Argument vorgestellt.
d) Die Reihenfolge der vorgestellten Argumente hat keinen Einfluss auf die Überzeugungskraft einer Präsentation.

Lösungen

Zu 1.: a), b), c), d)
Eine Präsentation wird entweder als gesonderte (Einzel-)Aufgabe oder als Aufgabe, die mit anderen Stationen eines AC wie der Gruppendiskussion kombiniert wird, eingebunden. Die Möglichkeiten sind vielfältig und die Präsentation ist eine Aufgabe, die sich in nahezu jedem AC wiederfindet.

Zu 2.: a), b)
Die Vorbereitungszeit für die Präsentation soll auch dazu dienen, die Präsentationsmittel vorzubereiten. So wird zum Beispiel ein Flip Chart, das einen guten Überblick über Inhalt und Aufbau des Vortrags liefert, positiv gewertet. Derartige Präsentationsmittel verleihen dem Vortrag mehr Professionalität und die Zuschauer können dem Aufbau leichter folgen.

Zu 3.: a), b), c), d)

Zu 4.: c)
Die P-A-R-Technik sowie die Fünf-Satz-Technik sind gleichermaßen geeignet, um einen schlüssigen Hauptteil aufzubauen. Während Einleitung und Abschluss eines Vortrags ist die Aufmerksamkeit der Zuschauer am größten. Zugleich ist die Nervosität des Vortragenden zu Beginn am größten. Da dies eine ungünstige Situation ist, ist es umso sinnvoller, die Einleitung vorzubereiten.

Zu 5.: b), c)

Häufig wird die Aufgabenstellung überladen mit zahlreichen Informationen, die für die Bearbeitung der eigentlichen Präsentationsaufgabe jedoch unerheblich sind. Informationen über die Geschichte des Unternehmens können nützliche Inhalte für eine Einleitung liefern, sind aber nicht so entscheidend wie die Rolle, in der sich der Bearbeiter als Vortragsredner befindet, oder die Beschreibung des Publikums, vor dem der Vortrag abgehalten wird. Diese Informationen solltest du dir daher sofort zum Beginn der Bearbeitungszeit markieren oder gesondert notieren.

Zu 6.: b), d)

Zu 7.: b)
Es sollte zu keinem Zeitpunkt in deiner Präsentation der (unprofessionelle) Eindruck entstehen, dass dir die Bearbeitungszeit nicht ausgereicht hat. Entschuldige dich nicht, sondern versuche stattdessen, es dir nicht anmerken zu lassen, dass die Zeit nicht ausreichend war. Halte deine Präsentation ab und spreche alle Punkte an, die du vorbereitet hast.

Zu 8.: a), b)

Zu 9.: a), d)

Zu 10.: a), d)
Es ist wichtig, dass der Vortragende den Zuschauern die Möglichkeit bietet, Fragen zu der Thematik zu stellen. Es ist jedoch nicht erforderlich (und unüblich), dass einzelne Zuschauer angesprochen werden.

Zu 11.: b), c)

Zu 12.: c), d)

Zu 13.: a)
Die Präsentation beginnt stets mit der Vorstellung der eigenen Person. Diese ist in der Aufgabenstellung beschrieben. Es folgt die Begrüßung des Publikums.

Zu 14.: c), d)
Der Abschluss einer Präsentation dient dazu, einen Ausblick auf die künftige Situation zu geben (Lösung c) sowie die Ergebnisse der Präsentation kompakt zusammenzufassen (Lösung d)

Zu 15.: c)

4. Rollenspiel

Im folgenden Kapitel werden wir uns mit der Rollenspielaufgabe beschäftigen. Rollenspiele gehören zwar nicht zu den beliebtesten Aufgaben von Bewerbern, sind jedoch ein fester Bestandteil im Assessment Center. Natürlich ist nicht jedes Rollenspiel gleich, dennoch haben diese in vielerlei Hinsicht einiges gemeinsam: Nahezu alle Rollenspiele treiben den Bewerbern Schweißperlen auf die Stirn. Warum das nicht so sein muss und wie du dich auf die Rollenspiel-Übungen vorbereiten kannst, siehst du im Folgenden.

4.1 Einführung in das Rollenspiel

Im Rollenspiel werden die Kandidaten des Assessment Center in Zweier-Teams eingeteilt. Du und dein Teamkollege erhalten eine Aufgabenstellung, in der eine fiktive Situation aus eurem künftigen Berufsalltag geschildet wird. Hierfür werdet ihr vom Unternehmen mit allen notwendigen Informationen ausgestattet. Euch wird eine Vorbereitungszeit von zehn bis 20 Minuten gegeben, um euch mit der Situation vertraut zu machen und euch zu überlegen, wie ihr nun diese (meist konflikthaltige) Aufgabe lösen möchtet. Wie die Lösungen aussehen, variiert. Dennoch ist der Ablauf in vielen Fällen identisch. In ihrem Inhalt unterscheiden sich die Rollenspiele aber, sodass zum Beispiel ein Kundengespräch oder ein Mitarbeitergespräch geführt werden muss. Wir unterscheiden folgende Varianten:

- Mitarbeitergespräch: Der AC-Kandidat schlüpft in die Rolle eines Vorgesetzten und führt ein Gespräch mit einem Mitarbeiter. Die Rolle des Mitarbeiters übernimmt ein Beobachter. Anlass des Gesprächs ist häufig ein negatives Verhalten des Mitarbeiters, mit dem der Mitarbeiter in diesem Gespräch konfrontiert werden soll.
- Gespräch auf gleicher Hierarchieebene: Der AC-Kandidat befindet sich hier beispielsweise in der Rolle eines Team- oder Gruppenleiters. Der Gesprächspartner befindet sich auf derselben Hierarchieebene. Hier wird oftmals verhandelt oder es findet ein Kritikgespräch statt.

- Vorgesetztengespräch: Der AC-Kandidat befindet sich in der Rolle des Mitarbeiters. Der Gesprächspartner ist die ihm direkt vorgesetzte Person. Gegenstand dieses Gesprächstyps ist in der Regel eine Verhandlung.
- Gespräch mit externem Kommunikationspartner: Der AC-Kandidat befindet sich in der Rolle eines Unternehmensmitarbeiters. Der Gesprächspartner übernimmt die Rolle eines Mitarbeiters eines anderen Unternehmens. Diese Gespräche haben einen Verkauf, eine Verhandlung oder eine Reklamation zum Gegenstand.

Beispiel: Mitarbeitergespräch

Ein klassisches Rollenspiel im Assessment Center ist ein Mitarbeitergespräch. Simuliert wird, dass du als Abteilungsleiter mit dem Mitarbeiter besprechen musst, dass dieser in der letzten Zeit häufiger Fehler am Arbeitsplatz eingebaut hat. Wichtig ist es nun, die richtige Gesprächstaktik zu wählen. Es liegt auf der Hand, dass dein Gegenüber keinesfalls sofort alles zugeben und Reue zeigen wird. Stattdessen wird dich dieser fordern. Du musst entsprechend gelassen reagieren und solltest vor allem die Fakten klären. Zusätzlich dazu solltest du dich aber auch nach den Gründen für die Fehler erkundigen und möglicherweise die Folgen für die restlichen Mitarbeiter erläutern. Wichtig: In jedem Rollenspiel muss natürlich ein Ergebnis erzielt werden.

Beispiel: Kundengespräch

Zahlreiche Rollenspiele im Assessment Center werden auch als Kundengespräche geführt. Ein jahrelanger Kunde hat der Firma möglicherweise den Rücken zugekehrt. Deine Aufgabe liegt nun darin, diesen von einer Wiederaufnahme der Geschäftsbeziehungen zu überzeugen. Eine knifflige Variante, immerhin musst du hier auch auf die Vorzüge deines Unternehmens hinweisen. Du solltest dich zum Beispiel im Sortiment oder den Lieferkonditionen zumindest etwas auskennen. Auch hier steht ein Ergebnis im Vordergrund. Überzeugungsarbeit kannst du in einem derartigen Gespräch zum Beispiel mit besseren Konditionen oder einem Probeangebot leisten. Zudem solltest du natürlich erwähnen, dass der Grund für das Ende der ehemaligen Beziehungen bereits beseitigt wurde und sich so etwas niemals wiederholen kann.

Das Besondere am Rollenspiel ist, dass du das Gespräch nicht planen kannst. Erst während des Gesprächs wird sich zeigen, welche Argumente dein Partner vorbereitet hat. Während der Vorbereitungszeit dürfen du und dein Partner euch nur getrennt voneinander Argumente und Lösungen für die Problemsituation überlegen. Eine vorherige Absprache findet nicht statt.

Im Rollenspiel stehen meistens zwischen 15 und 30 Minuten zur Verfügung. Es kommt darauf an, Konfliktfähigkeit zu beweisen und in einer schwierigen Situation die Nerven zu behalten. Argumentiere daher ruhig und sachlich und suche gemeinsam mit deinem Gesprächspartner nach einer Lösung für die Konfliktsituation. Es hilft, sich gedanklich in die Rolle des Gegenübers zu versetzen. Wie würdest du zum Beispiel von deinem Vorgesetzten in einer solchen Situation behandelt werden wollen? So solltest du auch im Rollenspiel auftreten.

Die Unternehmen können mit Hilfe der Rollenspiele optimal die sogenannten Soft Skills unter die Lupe nehmen. Das sind Fähigkeiten wie die Kommunikationsfähigkeit, die Entscheidungsfreude oder auch die Konfliktbereitschaft. Zusätzlich dazu ermöglichen es alle Übungen dem Unternehmen, mehrere Bewerber zeitsparend auf einen Blick zu überprüfen. Und das sogar noch im direkten Vergleich. Zusätzlich dazu dienen die Rollenspiele allesamt als gute Vorbereitung für den realen Arbeitsalltag. Diese Situationen können so oder so ähnlich beim Arbeitgeber künftig auf dich zukommen.

Auch wenn sich die Aufgaben im Rollenspiel unterscheiden, kommt es immer auf identische Fähigkeiten an. Simuliert werden Situationen, die als typisch für den Arbeitsalltag bezeichnet werden können. Erwartet wird unterm Strich, dass du diese souverän meistern kannst. Möglicherweise musst du im Gespräch einen Mitarbeiter entlassen. Hier solltest du zum Beispiel weniger der „Boss" sein, sondern ein gewisses Einfühlungsvermögen zeigen. Zudem solltest du in jeder Situation authentisch bleiben. Die Personaler der Unternehmen haben schon zu viele dieser Übungen durchgeführt und können Schauspieler schnell enttarnen. Zu den erforderlichen Eigenschaften gehören zum Beispiel:

- Kommunikationsfähigkeit
- Abgeklärtheit/Gelassenheit
- Stressresistenz
- Entscheidungsfreudigkeit
- Konfliktlösefähigkeiten

Die Kriterien der Beobachter sind:

- Ergebnisorientierung: Führt der AC-Kandidat das Gespräch zu einem Ziel, zum Beispiel eine konkrete Vereinbarung über das weitere Vorgehen?
- Kommunikatives Gespräch: Sind die Redeanteile der Gesprächspartner gleich verteilt? Geht der AC-Kandidat auf die Argumente/die Belange des Gesprächspartners ein?
- Konfliktfähigkeit: Spricht der AC-Kandidat das Problem an? Stellt er Rückfragen oder nimmt er die Aussagen des Interviewpartners einfach hin? (vgl. W-Fragen!)
- Überzeugungsfähigkeit: Kann der Kandidat seine Argumente/ seine Vorgehensweise schlüssig begründen?
- Einführungsvermögen: Versucht der Kandidat, sich in die Rolle seines Gegenübers zu versetzen? Zeigt der Kandidat Interesse an der Situation seines Gegenübers?

4.2 Sechs Gesprächsphasen eines Rollenspiels

In der Regel unterscheiden wir sechs Phasen in einem Rollenspiel:

1. Phase: Gesprächseröffnung

- namentliche, freundliche Begrüßung
- bietet dem Interviewpartner einen Sitzplatz an
- Smalltalk (Informationen zur aktuellen Situation des Gesprächspartners sowie dessen Interessen und Hobbys finden sich in der Aufgabenstellung -> diese Ansätze können für einleitenden Smalltalk herangezogen werden)

2. Phase: Einstieg in das Sachthema

- Darstellung der aktuellen Situation (die in der Aufgabenstellung beschrieben ist)

3. Phase: Sichtweise des Gegenübers

- Befragung des Gesprächspartners nach dessen Eindrücken/ Erlebnissen
    - Worin sehen Sie die Ursache für diese Situation?
    - Wie beurteilen Sie die derzeitige Lage?
    - Wie zufrieden sind Sie mit der aktuellen Situation?
    - Was hat dazu geführt, dass ...?
    - Welches Ziel verfolgten Sie mit ...?
    - Wie stellt sich der Sachverhalt aus Ihrer Sicht dar?
- Vermeide Fragen, die mit „Wie“, „Warum“, „Weshalb“, „Wieso“ beginnen, da diese einen vorwurfsvollen Eindruck entstehen lassen. Als Folge würde sich der Gesprächspartner nur zurückziehen

4. Phase: Bewertung

- Wiederholen der Aussagen des Gegenübers in eigenen Worten: „Habe ich Sie in diesem Punkt richtig verstanden?“
- Zwischenbilanz: Offizielle Angaben aus der Aufgabenstellung contra Aussagen des Partners

5. Phase: Lösungsweg

- Vorschlagen eines Lösungswegs zur Verbesserung der aktuellen Situation
- Erster Schritt: Lösungsvorschläge des Gegenübers einholen und diese besprechen
- Zweiter Schritt: Eigene Lösungsvorschläge vorstellen. -> Der Lösungsweg muss kurzfristig umsetzbar sein, die Belange beider Gesprächspartner beinhalten und dazu beitragen, das Ausgangsproblem zu lösen.

6. Phase: Zusammenfassung der Ergebnisse

- Die Ergebnisse des Interviews werden zusammengefasst.
- Bestätigung durch den Gesprächspartner einholen: „Ist dieses Vorgehen für Sie in Ordnung?“ „Sind Sie mit dieser Vorgehensweise einverstanden?“
- Gegebenenfalls bietet es sich an, einen Termin für das nächste Interview zu vereinbaren.

4.3 Zusammenfassung und Tipps zum Rollenspiel

Eine wichtige Frage im Rollenspiel lautet: Lässt der Kandidat Führungsverhalten erkennen? Dafür müssen folgende Faktoren vorliegen:

- Die Vorschläge des AC-Kandidaten werden vom Gesprächspartner aufgenommen.
- Der AC-Kandidat bringt die Vorschläge des Gesprächspartners in seine Lösung mit ein.
- Die Argumente des AC-Kandidaten sind schlüssig und nachvollziehbar.
- Der Vorgesetzte (AC-Kandidat) strukturiert das Gespräch (sechs Phasen).
- Am Ende des Gesprächs wird eine Vereinbarung erzielt.
- Der AC-Kandidat zeigt Interesse für den Gesprächspartner.

Kritikgespräch: Ein Mitarbeiter zeigt während der Arbeitszeit ein unangemessenes Verhalten. Die Aufklärung und Verbesserung dieses Ist-Zustands ist Gegenstand des Gesprächs. Wichtige Regeln für das Kritikgespräch:

- Fragen nach der Sichtweise des Gesprächspartners
  - „Wie stellt sich der Sachverhalt aus Ihrer Sicht dar?"
  - „Wie sehen Sie das?"
  - „Darf ich fragen, wie Sie diese Situation darstellen würden?"
- Hintergründe erfragen (W-Fragen aus Gesprächsabschnitt 3)
- Gemeinsamer Lösungsweg: Das Gespräch endet mit einer gemeinsamen Vereinbarung.
- Aktives Zuhören erzeugt Interesse.

Um die Nervosität vor dem Assessment Center zu minimieren, solltest du dich auf dieses natürlich intensiv vorbereiten. Hierfür nutzt du am besten die Hilfe von Familienmitgliedern oder Freunden, denn mit diesen kannst du die verschiedenen Situationen ganz einfach durchspielen. Wichtig ist, auch die üblichen Rahmenbedingungen wie eine gewisse Zeitvorgabe einzuhalten. Das Training unter „realen" Bedingungen hilft dir, am Ende auch, gelassener in dein echtes Rollenspiel im Assessment Center zu gehen und authentisch zu bleiben.

4.4 Fragen zum Rollenspiel

Im Folgenden werden dir Fragen zu den Inhalten dieser Lektion gestellt. Zu jeder Frage werden vier Antwortmöglichkeiten angegeben. Wähle die richtige Antwort aus. Es können mehrere Antworten korrekt sein.

Zeit: **15 Minuten**

1. Welche der folgenden Situationen werden gerne in Rollenspielen dargestellt?
a) Kritikgespräch zwischen Vorgesetzten und Mitarbeiter
b) Small-Talk Gespräch zwischen zwei Mitarbeitern
c) Verhandlungsgespräch zwischen einem Kunden und einem Unternehmensmitarbeiter
d) Gespräch über den Verkauf des Unternehmens zwischen dem Inhaber und einem Investor

2. Welche Rollen übernehmen die Kandidatinnen und Kandidaten im Rollenspiel?
a) Rolle eines Vorgesetzten
b) Rolle eines Abteilungsleiters
c) Rolle eines Mitarbeiters in einem Sachgebiet
d) Rolle eines externen Kunden

3. Welche der folgenden Aussagen trifft am ehesten auf deinen Gegenspieler im Rollenspiel zu?
a) Seine Rollenvorgabe weist ihn dazu an, von Beginn an ausführlich auf Fragen zu antworten und möglichst schnell die für die Aufklärung der Situation erforderlichen Informationen zu liefern
b) Seine Rollenvorgabe weist ihn dazu an, erst nach mehrmaligem Rückfragen die für die Aufklärung der Situation erforderlichen Informationen zu liefern
c) Seine Rollenvorgabe weist ihn dazu an, keinerlei Informationen preis zu geben; vielmehr muss der Gesprächspartner (der Bewerber) eine kreative Lösung finden
d) Da für den Gesprächspartner in der Regel keine Rollenvorgabe existiert, kann er je nach Belieben agieren.

4. Am Ende eines Rollenspiels sollte ...
a) die von dem Beobachter vorgeschlagene Lösung umgesetzt werden.
b) der vom Kandidaten vorgeschlagene Lösungsweg 1:1 umgesetzt werden.
c) eine Vereinbarung zustande kommen, die Vorschläge beider Seiten beinhaltet.
d) der Bewerber die ihm übertragene Macht als Führungsperson deutlich machen, um Führungskompetenz zu zeigen.

5. Die am Ende des Rollenspiels zu erzielende Vereinbarung mit dem Gegenüber, die Vorschläge beider Seiten beinhaltet, ist notwendig, um welches Kriterium zu erfüllen?
a) Überzeugungsfähigkeit
b) Kommunikatives Gespräch
c) Konfliktfähigkeit
d) Ergebnisorientierung

6. Welche der Folgenden ist ein Kriterium für den erfolgreichen Verlauf eines Rollenspiels?
a) in etwa gleiche Redeanteile
b) ein überwiegender Redeanteil des Bewerbers
c) ein überwiegender Redeanteil des Beobachters
d) eine nachvollziehbare Argumentation des Bewerbers

7. Überzeugungsfähigkeit ist in diesem Gespräch wichtig, um ...
a) Einfühlungsvermögen zu zeigen.
b) Verständnis für deine Sichtweise und dein Handeln zu erzeugen.
c) deine Lösungsvorschläge mit in die Vereinbarung einfließen zu lassen.
d) ein kommunikatives Gespräch zu führen.

8. Welche dieser Aussagen ist zutreffend?
a) Wenn der mir untergebene Mitarbeiter im Rollenspiel meine Vorschläge akzeptiert, so ist dies ein Zeichen dafür, dass ich einfühlsam auf ihn eingewirkt habe.
b) Nur weil der mir untergebene Mitarbeiter im Rollenspiel meine Vorschläge akzeptiert, bedeutet das nicht zwangsläufig, dass das Kriterium „Einfühlungsvermögen" erfüllt ist.

c) Im Rollenspiel wird ein möglichst autoritärer Führungsstil erwartet, der darauf abzielt, lediglich die Vorschläge der Führungskraft mit in die Lösung miteinfließen zu lassen.
d) Keine der Antworten a) bis c) treffen auf das Rollenspiel zu.

9. Welche Vorgehensweise ist empfehlenswert für die Gesprächseröffnung?
a) „Hallo Herr Müller! Schön, dass Sie so kurzfristig Zeit für unseren Termin hatten. Sie sind ja gerade erst aus dem Kroatien-Urlaub zurückgekehrt. Ich hoffe, Sie haben zwei angenehme Wochen verbringen können?"
b) „Hallo Herr Müller! Schön, dass Sie so kurzfristig Zeit für unseren Termin hatten. Ich möchte gleich auf unser heutiges Thema zu sprechen kommen: Es geht um ..."
c) „Hallo Herr Müller! Ich möchte Ihnen gleich zu Beginn meine Sicht der Dinge vorstellen. Ich hoffe, Sie haben ausreichend Zeit mitgebracht?"
d) „Hallo Herr Müller! Möchten Sie mir gleich zu Beginn mitteilen, wie Sie die vergangenen Wochen erlebt haben?"

10. Welche der folgenden Fragen eignen sich für das Rollenspiel?
a) Wie stellt sich der Sachverhalt aus Ihrer Sichtweise dar?
b) Weshalb haben Sie sich so verhalten?
c) Welche Ursache könnte Ihrer Meinung nach dieses Verhalten haben?
d) Wieso machten Sie diese Aussage?

11. Welche Aussage trifft auf Phase 1 – den Gesprächsbeginn – zu?
a) Um mit Small-Talk einzusteigen, werden Informationen über den Gesprächspartner benötigt. Hierfür können Informationen aus der Aufgabenstellung herangezogen werden.
b) Falls der Aufgabenstellung keinerlei Informationen über den Gesprächspartner entnommen werden können, dürfen auch Informationen hinzuinterpretiert werden, um mit Small Talk einzusteigen.
c) Zu Beginn des Gesprächs ist der Gesprächspartner am Zug. Falls überhaupt, muss sich dieser um einen angenehmen Einstieg in das Gespräch bemühen.
d) In den meisten Fällen wird der Gesprächspartner ohnehin sofort nachfragen, weshalb er sich zum heutigen Gesprächstermin einfinden musste.

Demnach muss kein großer Wert auf den Gesprächseinstieg gelegt werden, es ist vielmehr ratsam, direkt mit dem Thema einzusteigen.

12. Welche Vorgehensweise ist ratsam?
a) Nachdem der Bewerber in der Rolle des Vorgesetzten den Sachverhalt dargestellt hat, wird direkt im Anschluss ein Plan für das künftige Vorgehen vorgestellt
b) Nachdem der Gesprächspartner seine Sichtweise erläutert hat, wird der gesamte Sachverhalt noch einmal von Bewerber (in der Rolle des Vorgesetzten) zusammengefasst
c) Nach dem Einstieg in das Gespräch wird der Gesprächspartner nach dessen Sicht der Lage befragt. Anschließend wird seitens des Bewerbers die eigene Sicht der Dinge geschildert
d) Nach dem Einstieg in das Gespräch schildert der Bewerber seine Sicht der Dinge. Im Anschluss wird dem Gesprächspartner die Möglichkeit gegeben, die Situation aus seiner Sichtweise darzustellen

13. In welcher der Gesprächsphase im Rollenspiel steckt häufig die Lösung für das Problem?
a) Phase 6 – Zusammenfassung der Ergebnisse
b) Phase 1 – Gesprächseröffnung
c) Phase 4 – Bewertung und Zwischenbilanz
d) Phase 3 – Kennenlernen der anderen Perspektive

14. Welche ist eine gute Möglichkeit, um ein Mitarbeitergespräch im Rollenspiel abzuschließen?
a) dem Mitarbeiter abschließend ein paar Tipps für das künftige Vorgehen mit auf den Weg geben
b) die Ergebnisse des Gesprächs zusammenfassen
c) Terminierung eines weiteren Gesprächs in der darauffolgenden Woche
d) dem Mitarbeiter abschließend ein paar Tipps zum Umgang mit der aktuellen Situation mit auf den Weg geben

15. Weshalb ist es im Rollenspiel so wichtig, die eigenen Argumente schlüssig begründen zu können?
a) Überzeugungskraft wird erhöht.
b) Nachvollziehbarkeit der eigenen Argumente wird erhöht.

c) Eine schlüssige und nachvollziehbare Begründung ist ein Prüferkriterium.
d) Dominanz als Führungskraft gegenüber dem Mitarbeiter wird zum Ausdruck gebracht.

Lösungen

Zu 1.: a), c)

Zu 2.: a), b), c)
Wenn überhaupt, so übernimmt der Beobachter, der die Gegenrolle darstellt, die Person des externen Kunden in einem Verhandlungsgespräch. In diesen Gesprächssituationen ist der Bewerber so gut wie immer in der Rolle des Unternehmensmitarbeiters, der das Verhandlungsgespräch mit dem Bewerber führt.

Zu 3.: b)
Aus diesem Grund ist es wichtig, die richtigen W-Fragen zu stellen. Nachdem der Bewerber den Gesprächspartner auf dessen Sichtweise beziehungsweise die Hintergründe der Situation anspricht, wird dieser zunächst nur spärlich Auskunft geben. Diese erste Antwort des Beobachters muss sodann hinterfragt werden, wie zum Beispiel „Was meinen Sie, wenn Sie sagen, dass ...?“ oder „Wie darf ich das verstehen, wenn Sie sagen, dass ...?“)

Zu 4.: c)

Zu 5.: a), d)
Überzeugungsfähigkeit ist nötig, um die eigenen Argumente/Vorschläge mit in die gemeinsame Lösung miteinfließen zu lassen. Zugleich ist ein Gespräch zu führen, das ergebnisorientiert verläuft, um überhaupt eine Vereinbarung zu erzielen. Dafür ist es nötig, dass der Mitarbeiter (Beobachter) bereits nach dem Einstieg in das Gespräch mit der derzeitigen Situation aus Sicht des Vorgesetzten (Bewerber) konfrontiert wird. Danach muss ihm die Möglichkeit gegeben werden, um sich zu der Situation zu äußern und seine Sicht der Dinge darzustellen. Anschließend wird eine

Lösung gesucht und diese wird mündlich zum Ende des Gesprächs festgehalten.

Zu 6.: a), d)

Zu 7.: b), c)

Zu 8.: b)
Da du als Führungskraft mehr Macht in diesem Gespräch hast, wird der Gegenspieler zum Ende ohnehin die meisten deiner Argumente und Vorschläge bejahen. Viel wichtiger ist es, auf dem Weg zu der Vereinbarung das Gegenüber von den eigenen Vorschlägen zu überzeugen, indem schlüssig und nachvollziehbar argumentiert wird und Verständnis für die Gegenseite gezeigt wird.

Zu 9.: a)

Zu 10.: a), c)
Fragen, die mit „Wie“ oder „Welche ...“ beginnen, klingen weniger anschuldigend.

Zu 11.: a)

Zu 12.: b), c)

Zu 13.: d)
In Gesprächsphase 3 kannst du durch gezielte W-Fragen mehr über die Hintergründe erfahren. Damit erfährst du, welche Umstände zu dem Verhalten des Mitarbeiters führten.

Zu 14.: b), c)

Zu 15.: a), b), c)

5. Fallstudie

Die Fallstudie ist eine der typischen Kern-Aufgaben im Assessment Center. Neben der Bezeichnung Fallstudie wird parallel häufig der englische Titel „Case Study" verwendet. Auf den Inhalt und den Ablauf dieser Aufgabe hat diese Bezeichnung jedoch keinen Einfluss. In dieser Aufgabe wird ein konkreter Fall – also eine bestimmte Ausgangssituation – beschrieben, in der ein Problem vorherrscht oder ein Auftrag erledigt werden muss.

In der klassischen Assessment-Center-Fallstudie handelt es sich in der Regel um eine fiktive Situation aus dem Unternehmen. Zu Beginn dieser Aufgabe werden dem Kandidaten schriftliche Unterlagen ausgehändigt, wie etwa Mitschriften aus Meetings, E-Mails von Kollegen, Statistiken, Excel-Tabellen oder Telefonprotokolle. Diese Unterlagen können für die Aufgabe relevant sein, da sie Informationen enthalten, die sich auf den Arbeitsauftrag beziehen. In der knapp bemessenen Bearbeitungszeit muss der Bewerber nun diese Unterlagen durchdringen, die wichtigen von den unwichtigen Daten trennen und daraus ein Lösungskonzept für die Bewältigung der anfangs geschilderten Problemsituation erarbeiten.

Gegebenenfalls beinhaltet diese Aufgabe eine anschließende Ergebnispräsentation, in der der erarbeitete Lösungsweg vor den Beobachtern vorgestellt wird. Im Folgenden werden wir uns noch genauer mit diesem Aufgabentyp beschäftigen, indem wir die beiden Arten von Fallstudien, nämlich die geschlossene sowie die offene Fallstudie, vorstellen und dazu jeweils einen Lösungsweg angeben.

5.1 Einführung in die Fallstudie

In dieser Aufgabe übernimmt der Kandidat im Assessment Center die Rolle eines Mitarbeiters des Unternehmens. Dieser fiktive Mitarbeiter ist in einer Abteilung beschäftigt, in der in naher Zukunft einige Veränderungen anstehen oder aktuelle Probleme die Arbeitsergebnisse beeinträchtigen. Die Informationen über die Ausgangslage können dem Arbeitsauftrag entnommen werden, wobei dieser Auftrag bei manchen Fallstudien-

Aufgaben erst gefunden werden muss, da er sich zwischen den zahlreichen Informationen befindet. Zu Beginn dieser Aufgabe muss daher gegebenenfalls zunächst der Arbeitsauftrag gefunden (und gelesen) werden, ehe mit der Auswertung und Sortierung der weiteren Unterlagen begonnen wird.

Beliebte Themen für die Fallstudie sind zum einen der Aufbau von Organisationen und zum anderen das Erstellen einer Marketing- beziehungsweise Vertriebsstrategie für ein neues Produkt. Diese Themen erfreuen sich deshalb so großer Beliebtheit, da sie sehr ausführlich gestaltet werden können und daher genug Informationen liefern.

Beim Aufbau von Organisationen geht es darum, zum Beispiel eine neue Abteilung einzurichten und dafür die erforderlichen Vorbereitungen zu treffen, wie die Anwerbung und Einstellung neuer Mitarbeiter oder das Beschaffen von Geräten wie PCs oder Büroartikel. Wenn eine Marketingstrategie aufgebaut werden soll, geht es häufig darum, verschiedene Optionen abzuwägen und am Ende die vielversprechendste Möglichkeit zu präsentieren.

Diese Aufgabe soll zeigen, wie kreativ die Kandidaten bei der Lösung der Ausgangssituation vorgehen. Darüber hinaus wird darauf geachtet, ob die Vorgehensweise der Bewerber tatsächlich geeignet ist, die Problemsituation zu bewältigen. In diesem Zusammenhang spricht man auch von der sogenannten **Problemlösungskompetenz**. Außerdem wird bei der Fallstudie das Entscheidungsvermögen der Bewerber auf die Probe gestellt, da in kurzer Zeit zahlreiche Entscheidungen getroffen werden müssen.

5.2 Die geschlossene Fallstudie

Zunächst unterscheiden wir die Fallstudien-Aufgaben in die geschlossene und die offene Fallstudie. Diese Begriffe drücken aus, ob die für die Lösung der Aufgabe notwendigen Informationen vollständig in den Arbeitsunterlagen enthalten sind (geschlossene Fallstudie) oder ob für die Lösung der Aufgabe nicht nur die vorliegenden Informationen, sondern darüber hinaus auch eine kreative Eigenleistung erforderlich ist, um eine Lösung für das Problem zu erarbeiten. Die offene Fallstudie erkennst du an gewissen Formulierungen im Arbeitsauftrag, wie:

- „Entwickeln Sie ein Konzept zur ..."
- „Erarbeiten Sie eine eigene Strategie zur ..."
- „Schlagen Sie geeignete Maßnahmen vor, um ..."

Wie soeben dargestellt, findest du in einer geschlossenen Fallstudie die vollständige Lösung für den Arbeitsauftrag in den dir vorliegenden Unterlagen. Die Informationen, wie abgedruckte E-Mails, Mitschriften aus Meetings oder Tabellen, beinhalten sämtliche Daten, die du benötigst, um dein Lösungskonzept aufzubauen.

Jedoch kann es noch eine weitere Schwierigkeit geben: Unter den vorliegenden Daten befinden sich unter Umständen einige Seiten an Informationen, die nicht für deine Aufgabe relevant sind. Dieser Ballast sorgt dafür, dass der Umfang der Daten steigt und damit der Schwierigkeitsgrad der Aufgabe erhöht wird. Damit hast du zwar die Lösung für dein Problem praktisch vor dir liegen, musst jedoch zuvor die relevanten von den nicht relevanten Unterlagen trennen. Diesen Fall nennen wir die geschlossene Fallstudie mit Ballast. Für den Fall, dass tatsächlich sämtliche Dokumente Bezug zum Thema haben und für die Lösung herangezogen werden, sprechen wir von der geschlossenen Fallstudie ohne Ballast.

5.3 Lösungsstrategie für die geschlossene Fallstudie

Das zentrale Problem jeder Fallstudien-Aufgabe ist die Menge an Informationen, die in der Aufgabe enthalten sind. Die beiliegenden Daten (Berichte, E-Mails, Statistiken etc.) umfassen zahlreiche Seiten und müssen ausgewertet werden. Unsere Lösungsstrategie konzentriert sich darauf, die für die Lösungsfindung entscheidungserheblichen Daten herauszufiltern und die wichtigen von den unwichtigen Daten zu trennen.

1. Schritt: Aufgabenstellung suchen
Wie bereits genannt, kann es vorkommen, dass die Aufgabenstellung nicht auf der ersten Seite abgedruckt ist, sondern sich zwischen den vielen Seiten an Informationen befindet. Für den weiteren Verlauf der Bearbeitung ist es jedoch außerordentlich wichtig, die Aufgabenstellung vollständig gelesen und verstanden zu haben, um später die Daten zu ordnen. Schließlich liefert dir die Aufgabenstellung den konkreten Arbeitsauftrag, der womöglich bereits einige der mitgelieferten Unterlagen ausschließt. Bevor du also damit beginnst, irgendwelche anderen Informationen zu lesen, suchst du die Aufgabenstellung.

2. Schritt: Lesen und Verarbeiten der Aufgabenstellung
Erst danach ist es möglich zu entscheiden, welche Informationen aus der Datenflut überhaupt relevant sind. Markiere dir zudem die Kernaussage des Arbeitsauftrags, zum Beispiel den konkreten Auftrag, den du von deinem Vorgesetzten erhältst. Am einfachsten ist es, wenn du die Seite mit der Aufgabenstellung aus der Mappe oder dem Ordner heraustrennst und diese neben dir gut sichtbar auf den Tisch legst, sodass du bei der weiteren Auswertung der Daten immer den Auftrag und damit das Ziel vor Augen hast.

3. Schritt: Scannen der Unterlagen
Die Betonung liegt hier klar auf dem Wort Scannen. Keinesfalls darfst du an diesem Punkt der Bearbeitung dazu übergehen, die einzelnen Seiten durchzulesen, da die Aufgabenstellung hierfür nicht genügend Zeit zur Verfügung stellt und du ansonsten in Zeitnot gerätst. Bei diesem Schritt geht es nur darum, in dem Material nach Anknüpfungspunkten zur Aufgabenstellung zu suchen. Überfliege also die Daten und suche nach Seiten, die zum Beispiel Tabellen oder Mitschriften aus Meetings enthalten, die offensichtlich einen direkten Bezug zu deiner Aufgabe haben. Gleichzeitig markierst du dir diese Unterlagen oder bildest daraus einen Stapel, sozusagen der Stapel mit offensichtlich relevanten Informationen. Halte zudem Ausschau nach Informationen wie einem Organisationsplan, Listen über Zuständigkeiten oder Abwesenheiten sowie Krankheitstagen von Mitarbeitern deines Teams. In der Fallstudie bist du oftmals in einer

übergeordneten Position und bist daher befugt, den Mitarbeitern deines Teams Weisungen zu erteilen, was du, falls die Aufgabenstellung Angaben dazu macht, auch in jedem Fall tun solltest. Allerdings ist es dafür sehr wichtig zu wissen, welche deiner Mitarbeiter derzeit überhaupt anwesend sind und sich für die Aufgaben eignen, die ihnen übertragen werden sollen. Gerade diese wichtigen Informationen über den Aufbau deiner Abteilung befinden sich nicht selten unter den letzten Seiten. Scanne die Daten also vollständig bis zum letzten Blatt.

4. Schritt: Herausfiltern von Ballast

Nachdem du bereits in Schritt Nummer Drei die bedeutenden Informationen gefunden hast, geht es jetzt darum, die verbleibenden Daten in Ballast und relevante Dokumente zu ordnen. Dafür kannst du zwei Stapel bilden oder du markierst dir die relevanten Daten. Ab sofort beschäftigst du dich ausschließlich mit den Dokumenten, die du als relevant eingestuft hast. Mit dieser Vorgehensweise verringerst du die Menge an Informationen, die du verarbeiten musst. Falls du dir bei einzelnen Dokumenten nicht sicher bist, ob diese für den Arbeitsauftrag relevant sind oder nicht, kannst du einen dritten Stapel für diese Kategorie bilden.

Nach diesem Schritt der Bearbeitung hast du bereits einen Stapel für die offensichtlich relevanten Unterlagen gebildet, die wir in Schritt Nummer Drei herausgefiltert haben. Im vierten Schritt haben wir nun den Ballast aussortiert und gegebenenfalls einen zusätzlichen Stapel für Informationen gebildet, bei denen wir uns derzeit noch unsicher sind, ob diese für die Lösungsfindung relevant sind. Damit haben wir die Dokumente sortiert. Ab sofort beschäftigst du dich ausschließlich mit den Dokumenten, die du als relevant eingestuft hast.

5. Schritt: Verarbeitung der relevanten Informationen

Da wir aufgrund der vorherigen Schritte bereits Vorarbeit geleistet haben, brauchen wir uns nur noch den relevanten Dokumenten zuwenden. Daraus ziehen wir nun die benötigten Informationen für unser Vorgehen. Da hier eine geschlossene Fallstudie vorliegt, können alle für die Problemlösung erheblichen Daten aus den Unterlagen gewonnen werden. Dieser Schritt fällt uns wesentlich leichter, da bereits zuvor die nicht-relevanten Daten aussortiert wurden.

5.4 Die offene Fallstudie

Bei der geschlossenen Fallstudie beinhalten die vorgelegten Daten alle Informationen, die für die Lösung der Aufgabe relevant sind. Zwar müssen unter Umständen die relevanten Unterlagen von Ballast getrennt werden, jedoch haben wir bei diesem Aufgabentyp grundsätzlich alle Daten vorliegen, die wir für die Lösung der Aufgabe benötigen.

Im Gegensatz zur geschlossenen Fallstudie liefern die Ausgangsinformationen bei der offenen Fallstudie nicht die vollständigen Informationen zur Lösung der Aufgabe. Vielmehr wird bei der offenen Fallstudie eine kreative Eigenleistung des Kandidaten zur Problembewältigung gefordert. Dies bedeutet, dass der Bearbeiter eigene Ideen und Konzepte für die Lösung entwickeln muss, da die mit der Aufgabe ausgehändigten Unterlagen lediglich Ansätze für die Lösung bieten können. Daher reicht es bei der offenen Fallstudie nicht aus, die vorliegenden Unterlagen zu scannen und nach relevanten und nicht-relevanten Daten zu sortieren. Für die offene Fallstudie gibt es dementsprechend auch keine Musterlösung, da jeder Bewerber einen anderen Weg finden wird, um die Aufgabe zu lösen.

5.5 Lösungsstrategie für die offene Fallstudie

Die im Unterkapitel 5.3 vorgestellten Schritte 1 bis 5 gelten für die offene Fallstudie entsprechend. Jedoch schließen sich für den Fall einer offenen Fallstudie an Schritt 5 noch weitere Schritte an, da die alleinige Auswertung der Daten noch nicht zum Ziel führt.

Die Lösungsstrategie für die geschlossene Fallstudie endet damit, dass der Bewerber die für die Aufgabenstellung relevanten Seiten auswertet, sich dazu Notizen macht und daraus die Vorgehensweise für die Problembewältigung erstellt. An diesen Punkt schließen wir nun an und ergänzen die Lösungsstrategie:

<u>6. Schritt: Brainstorming</u>
Nachdem die Dokumente ausgewertet wurden, wirst du feststellen, dass die erarbeiteten Daten nicht ausreichen, um zur Problemlösung zu gelangen. An entscheidenden Punkten fehlen dir Informationen. Spätestens zu diesem Zeitpunkt muss dir klar werden, dass du es hier mit einer offenen Fallstudie zu tun hast und daher jetzt selbst gefordert bist.

Nimm dir ein Blatt Papier, einen Stift und notiere dir das Thema der Fallstudie mittig auf deinem Arbeitsblatt. Schreibe jetzt rund um dieses Thema herum alle Ideen auf, die dir dazu einfallen. Kreative und ausgefallene Lösungsansätze sind ebenfalls möglich. Das Brainstorming dient nicht dazu, Ideen auszusortieren, sondern stattdessen sollen in diesem Schritt erst einmal alle erdenklichen Ideen aufgeschrieben werden, die dir zur Bewältigung der Aufgabe einfallen. Nimm dir für diesen Bearbeitungsschritt ruhig ein paar Minuten Zeit und sammle möglichst viele Ideen für deinen Lösungsweg.

7. Schritt: Ideen strukturieren

Nachdem zuvor bereits Ideen gesammelt wurden, geht es nun darum, diese Ideen zu strukturieren. Dies kann zum Beispiel durch die Bildung von Kategorien erfolgen. Falls die Fallstudie von einem betriebsinternen Problem handelt, können die vorgeschlagenen Lösungsmaßnahmen in kurz-, mittel- sowie langfristige Maßnahmen unterteilt werden.

8. Schritt: Entwicklung eines Lösungskonzepts

In diesem Schritt wählst du die geeignetsten Ideen aus jeder der zuvor bestimmten Kategorien aus. Diese Ideen fließen dann in deine Gesamtlösung mit ein und ergänzen die Informationen, die aus den vorliegenden Dokumenten entnommen werden konnten.

Wenn du hier ein schlüssiges Gesamtkonzept für die beschriebene Ausgangslage ablieferst, das aus gegebenen und selbst erarbeiteten Daten besteht, zeigst du, dass du eigene und kreative Wege finden kannst, um Probleme zu bewältigen. Dies ist ein wichtiger Baustein der Problemlösungskompetenz, die in diesem Aufgabentyp geprüft wird.

5.6 Fragen zur Fallstudie

Nun kannst du dein Wissen zu Kapitel 5 testen. Die folgenden 15 Fragen beschäftigen sich mit der Fallstudie-Aufgabe im Assessment Center. Die Lösung zu den Fragen findest du im Anschluss. Es können mehrere Antworten korrekt sein!

Zeit: **15 Minuten**

1. Welche Aussage ist zutreffend?
a) In der Fallstudie bearbeiten die Kandidaten eine Aufgabe aus der Sicht eines externen Unternehmens.
b) In der Fallstudie bearbeiten die Kandidaten eine Aufgabe aus der Sicht eines Unternehmensmitarbeiters.
c) In der Fallstudie muss in einer vorgegebenen Bearbeitungszeit eine Vorgehensweise erarbeitet werden und anschließend präsentiert werden.
d) In der Fallstudie können die vorgelegten Informationen aus abgedruckten E-Mails, Mitschriften aus Meetings, Telefonprotokollen und vieles mehr bestehen.

2. Der erste Schritt ab Beginn der Bearbeitungszeit besteht darin, ...
a) die vorgelegten Informationen (E-Mails, Berichte, etc.) genau zu lesen.
b) die vorgelegten Informationen (E-Mails, Berichte, etc.) zu sortieren.
c) die Aufgabenstellung zu suchen.
d) die vorgelegten Informationen (E-Mails, Berichte, etc.) zu überfliegen.

3. An welchen Formulierungen in der Aufgabenstellung einer Fallstudie erkennen wir, dass es sich bei der vorliegenden Aufgabe um eine offene Fallstudie handelt?
a) „Entwickeln Sie ein geeignetes Konzept, um ..."
b) „Erarbeiten Sie eine eigene Strategie, um ..."
c) „Durchsuchen Sie die beigefügten Informationen ..."
d) „Sie sind Mitarbeiter unseres Unternehmens ..."

4. Von einer Fallstudie mit Ballast spricht man, wenn ...
a) die Aufgabenstellung die Fallstudie aus Sicht einer externen Person beschreibt.
b) alle vorgelegten Daten und Berichte für die Lösung der Fallstudie relevant sind.
c) die vorgelegten Unterlagen schwierig zu verstehen sind.
d) in die vorgelegten Informationen einige Unterlagen eingestreut sind, die nicht für die Lösung relevant sind.

5. Welche Eigenschaften des Kandidaten werden bei der Aufgabe Fallstudie und der anschließenden Präsentation geprüft?
a) Problemlösungskompetenz
b) Entscheidungsvermögen
c) Kreativität
d) Auftreten

6. Welche Aussage ist zutreffend?
a) Die Aufgabenstellung befindet sich in der Fallstudie stets auf der ersten Seite.
b) Die Aufgabenstellung muss in den Unterlagen/Dokumenten zur Fallstudie zunächst gesucht werden.
c) Die Aufgabenstellung hat für die Bearbeitung der Fallstudie keine allzu große Bedeutung, da die Prüfer vor Beginn der Aufgabe bereits sämtliche relevanten Informationen an die Bewerber mündlich weitergeben.
d) Die Aufgabenstellung befindet sich stets auf der letzten Seite der Unterlagen.

7. Welche Punkte sind bei der Aufgabenstellung besonders wichtig?
a) Angaben zu dem Publikum, vor dem die anschließende Ergebnispräsentation gehalten werden soll
b) Angaben zur aktuellen Situation des Unternehmens
c) Angaben zur Person des Mitarbeiters, in dessen Rolle der Kandidat sich befindet
d) Punkte, die bei der Präsentation angesprochen werden müssen

8. Nachdem die Aufgabenstellung gelesen und reflektiert wurde, beginnt man bei der Fallstudie mit dem Scannen der Unterlagen. Was versteht man darunter?
a) Durchlesen aller Unterlagen
b) Suche nach Anknüpfungspunkten für die Aufgabenstellung
c) Stapel für relevante und nicht relevante Informationen bilden
d) Markieren der wichtigen, herausragenden Informationen, die für die Lösung benötigt werden

9. Welche Vorgehensweise empfiehlt sich, um die vorliegenden Dokumente zu sortieren?
a) Stapel für relevante Dokumente und nicht-relevante Dokumente bilden
b) die Dokumente nach der Zeit, in der sie entstanden sind, sortieren
c) die Dokumente nach Art (z. B. E-Mail, Bericht, Websitedaten etc.) sortieren
d) die erste Hälfte des Ordners zuerst bearbeiten, die zweite Hälfte vorerst zurückstellen

10. Welche Aussage trifft auf eine geschlossene Fallstudie ohne Ballast zu?
a) Alle vorliegenden Unterlagen sind für die Lösung der Aufgabenstellung relevant.
b) Für die Lösung der Aufgabenstellung ist eine kognitive Eigenleistung gefordert.
c) Nur ein Teil der Dokumente ist für die Lösung relevant.
d) Für die Lösung der Aufgabe sind lediglich die Informationen der vorliegenden Dokumente von Relevanz.

11. Welche Aussage trifft auf eine geschlossene Fallstudie mit Ballast zu?
a) Alle vorliegenden Unterlagen sind für die Lösung der Aufgabenstellung relevant.
b) Nur ein Teil der vorhandenen Dokumente ist für die Lösung relevant.
c) Für die Lösung müssen eigene Ideen entwickelt werden.
d) Für die Lösung sind nur die vorliegenden Dokumente und keine eigenen Ideen relevant.

12. Wobei handelt es sich bei einer offenen Fallstudie ohne Ballast?
a) Für die Lösung müssen eigene Ideen entwickelt werden.
b) Keine der vorliegenden Dokumente sind für die Lösung relevant.
c) Alle Unterlagen sind für die Lösung relevant.
d) Für die Lösung sind nur die vorliegenden Dokumente und keine eigenen Ideen relevant.

13. Welche Aussage trifft auf eine offene Fallstudie mit Ballast zu?
a) Nur ein Teil der Unterlagen ist für die Lösung relevant.
b) Alle Unterlagen sind für die Lösung relevant.
c) Die Unterlagen allein reichen nicht aus, um die Lösung zu erarbeiten.
d) Für die Lösung werden nur die vorgelegten Unterlagen benötigt.

14. Welche Schritte fallen nur bei einer offenen Fallstudie an?
a) Brainstorming
b) Daten scannen
c) Herausfiltern von Ballast
d) eigene Ideen strukturieren

15. Wann spricht man von einer Fallstudie mit Ballast?
a) Unter den Unterlagen befinden sich auch solche, die für die Lösung nicht relevant sind.
b) Unter den Unterlagen befinden sich Dokumente, die nur schwer verständlich sind.
c) Die Unterlagen umfassen Falschinformationen.
d) Alle Unterlagen sind ausnahmslos für die Lösung relevant.

Lösungen

Zu 1.: b), c), d)

Zu 2.: c)

Zu 3.: a), b)

Zu 4.: d)

Zu 5.: a), b), c), d)

Zu 6.: b)
Trotz einer mündlichen Einweisung des Moderators in die Aufgabe sollte die Aufgabenstellung genau gelesen werden, da hier meist noch ausführlichere Informationen enthalten sind. Das Verstehen des Arbeitsauftrags ist sehr wichtig für die weitere Bearbeitung.

Zu 7.: a), b), c), d)

Zu 8.: b), d)

Zu 9.: a)

Zu 10.: a), d)

Zu 11.: b), d)

Zu 12.: a), c)

Zu 13.: a), c)

Zu 14.: a), d)

Zu 15.: a)

6. Gruppendiskussion

Garantiert mit dabei in deinem Assessment Center ist eine Gruppendiskussion. Hier werden die Bewerber teilweise festen Rollen oder Meinungen zugeordnet, die dann im Gespräch übernommen werden. Die Unternehmen finden mit diesen Aufgaben heraus, wie gut du diskutieren und Lösungen finden kannst.

6.1 Einführung in die Gruppendiskussion

In der Gruppendiskussion erhält eine Gruppe aus Kandidaten (in der Regel vier bis acht Kandidaten) denselben Arbeitsauftrag: ein Problem beziehungsweise ein Thema werden beschrieben und die Gruppe soll in einem Meeting nun gemeinsam eine Lösung für dieses Problem erarbeiten. Gegebenenfalls werden auch mehrere Themen beschrieben und die Gruppe muss sich zunächst auf ein Diskussionsthema einigen. Im Schnitt wird für die Diskussion ein Zeitrahmen zwischen 20 und 40 Minuten angesetzt. Wir unterscheiden folgende **Arten von Diskussionen**:

- Führerlose Gruppendiskussion ohne Rollenvorgabe (häufigste Variante): Die Kandidaten befinden sich auf derselben Hierarchieebene. Jeder kann seine persönliche Meinung vertreten. Die einzelnen Aufgabenbeschreibungen, die den Kandidaten ausgehändigt werden, unterscheiden sich nicht.
- Führerlose Gruppendiskussion mit Rollenvorgabe: Zwar gibt es keinen vorbestimmten Moderator, jedoch weist die Aufgabenstellung jedem Kandidaten eine bestimmte Rolle zu. Aus den Rollen ergeben sich die Sichtweisen und Argumente, die man als Kandidat in der Diskussion zu vertreten hat. Als Bewerber ist man somit an seine Rolle gebunden.
- Geführte Gruppendiskussion ohne Rollenvorgabe: Die Aufgabenstellung bestimmt einen Kandidaten zum Moderator der Diskussion. Alle weiteren Gruppenmitglieder können ihre Positionen und Standpunkte frei wählen.
- Geführte Gruppendiskussion mit Rollenvorgabe: Die Aufgabenstellung bestimmt einen Kandidaten zum Moderator der Diskussion. Jedem weiteren Gruppenmitglied weist die Aufgabenstellung eine vorgegebene Rolle zu.

Beispielthemen für die Diskussion
Ein **globales Thema** ist in jedem Fall von einem einzelnen Unternehmen gelöst: Erhöhung der Spritpreise aus Umweltschutzgründen, Rauchverbot während der Arbeitszeit, Frauenquote in Vorständen.

Ein **unternehmensspezifisches Thema** befasst sich mit einer bestimmten Entwicklung/Situation innerhalb eines Unternehmens: Veröffentlichung eines neuen Produkts, Eröffnung eines neuen Standorts, Maßnahmen zur Kostenreduktion.

Wir unterscheiden **vier Phasen einer Gruppendiskussion**

- **Phase 1:** Klärung der Aufgabe/Beginn der Gruppenarbeit
    - Kandidaten verständigen sich auf das Thema.
    - Um vorzubeugen, dass einzelne Kandidaten die Aufgabenstellung missverstehen, sollte die Thematik von einem Diskussionsteilnehmer kurz in eigenen Worten gefasst werden.
    - Ziel der Aufgabe wird definiert: siehe Arbeitsauftrag
    - Spielregeln festlegen: zum Beispiel im Uhrzeigersinn reden, zeitliche Obergrenze für Beiträge, die gesamte Bearbeitungszeit in Phasen (diese Phasen 1 bis 4) unterteilen
    - Bestimmung des Zeitbeauftragten (der die Zeit überprüft)
    - Bestimmung des Moderators (bis fünf Diskussionsteilnehmer ist kein Moderator nötig)
- **Phase 2:** Vorstellung der Positionen/Lösungsansätze
    - Wer vertritt welche Position? Welche Lösungskonzepte stehen zur Debatte? Welche Ideen haben Teilnehmer für die Lösung des Problems?
    - Variante a) Positionierung: Jeder stellt seine Position vor (nacheinander) -> zum Beispiel im Uhrzeigersinn, Ideen werden am Flipchart festgehalten. Variante a) eignet sich sehr gut bei Diskussionen mit Vorbereitungszeit, da hier ein schneller Überblick über Ideen geschaffen wird.

    - Variante b) Brainstorming: eignet sich sehr gut, wenn es darum geht, gemeinsam etwas zu entwickeln und kaum Vorbereitungszeit angegeben ist
        - Während des Brainstorming ist es verboten, Ideen zu kritisieren.
        - Auch exotische Ideen werden aufgenommen.
        - Ideen werden am Whiteboard oder Flip-Chart festgehalten.
- **Phase 3:** Diskussion und Ergebnisfindung
    - Soeben vorgestellte Positionen werden nacheinander diskutiert.
    - Austausch von Argumenten von allen Gruppenmitgliedern, Abwägung der Argumente
    - Ziel: systematische Ergebnisfindung
    - Pro-Contra-Betrachtung: Zu jeder Idee/jedem Vorschlag werden Vor- und Nachteile zusammengetragen und gegeneinander abgewogen.
    - Zur Bewertung der einzelnen Ideen werden Kriterien aus der Aufgabenstellung herangezogen.
- **Phase 4:** Ergebnisformulierung
    - Formulierung des Ergebnisses am Flipchart/Zusammenfassung des Ergebnisses

Die Kriterien der Beobachter sind:

- durchgehende Beteiligung am Diskussionsgeschehen
    - Über die gesamte Bearbeitungszeit verteilt beteiligst du dich an der Diskussion.
- Körpersprache
- Kommunikationsstil
- Respektvoller Umgang: andere ausreden lassen, niemanden persönlich angreifen, sich nicht herablassend über Ansichten anderer äußern
- Ausdrucksstarke Sprache: flüssiges Sprechen, unmissverständliches Sprechen
- Überzeugungskraft: Die Gruppe übernimmt deine Vorschläge beziehungsweise lässt diese in das Ergebnis mit einfließen.

- Kooperationsvermögen: Du berücksichtigst die Vorschläge anderer, gehst auf deren Ideen ein und schlägst Lösungswege vor, die sowohl die Vorschläge anderer wie auch deine eigenen Ideen beinhalten.
- Führungsverhalten: Lieferst du einen Vorschlag zur Strukturierung der Bearbeitungszeit? Zum Beispiel Strukturierung in Phasen 1 bis 4 wie oben aufgezeigt.

6.2 Gesprächsphasen 1 und 2 der Gruppendiskussion

In Phase 1 verständigen sich die Diskussionsteilnehmer auf das Thema und klären etwaige Missverständnisse. Außerdem definieren sie das Ziel der Aufgabe und legen die Spielregeln fest. Die Gruppe bestimmt einen Zeitbeauftragten, der die Zeit überprüft, und einen Moderator, wenn es mehr als fünf Personen sind. Sogenannte „Eisbrecher-Fragen“ in die Gruppe, wie zum Beispiel „Wie sieht jeder Einzelne die Problematik?“ dienen als Kurzumfrage beziehungsweise Meinungsbild. Dadurch lassen sich Meinungsschwerpunkte, Gemeinsamkeiten, aber auch Trennendes erkennen. Dein Ziel am Ende der Phase 1 ist, sicherzustellen, dass alle Gruppenmitglieder dasselbe Verständnis von der Aufgabe haben.

In Phase 2 werden die verschiedenen Positionen und Lösungsansätze vorgestellt. Hier wird meist deutlich, dass die sich die Meinungen stark unterscheiden. An diesem Punkt steht die Gruppe vor einer Herausforderung, da sich zeigt, dass es eine einheitliche Lösung, mit der jeder zu 100 Prozent zufrieden ist, nicht geben wird. Verdeutliche vor der Gruppe, dass es nicht möglich sein wird, das vorgegebene Thema bis in alle Facetten durchzudiskutieren. Ein für alle Teilnehmer perfektes Ergebnis kann es nicht geben – Kompromisse sind nötig. Dadurch wird das Gruppendenken gestärkt. Stelle beispielsweise folgende Fragen: „Welche Diskussionsziele sind in der vorgegebenen Zeit realisierbar?“ „Kann das Diskussionsthema eingegrenzt werden und ist das hilfreich?“ Dadurch kann ein Konsens geschaffen werden, der der Gruppe dabei behilflich ist, in der knappen Zeit eine Lösung beziehungsweise ein Ziel zu erreichen

6.3 Gesprächsphasen 3 und 4 der Gruppendiskussion

In Phase 3 werden die zuvor vorgestellten Positionen diskutiert und die Argumente aller Teilnehmer abgewogen. Geeignete Fragen für diesen Teil der Diskussion sind:

- „Wie kann die Lösung des Problems am besten erreicht werden?“
- „Welche Lösungswege bieten sich an?“
- „Welcher Lösungsweg ist am vielversprechendsten?“

Folgende Fragen kannst du passiven Diskussionsteilnehmern stellen:

- „Wie würdest du in dieser Situation vorgehen?“
- „Welche Lösungsmöglichkeiten siehst du hier?“
- „Würdest du in diesem Punkt zustimmen?“

Folgendermaßen kannst du Argumente anderer aufgreifen und weiterführen:

- „Was du gesagt hast, war richtig. Wir könnten darauf aufbauend ...“
- „Ich fand dein Argument sehr richtig. Ich würde jedoch noch ergänzen, dass ...“

In Phase 4 müssen die Teilnehmer zirka fünf Minuten vor dem Ende der Bearbeitungszeit damit beginnen, ein Ergebnis zu formulieren, auf das sich alle Gruppenmitglieder verständigen können. Das Ergebnis kann zum Beispiel folgendermaßen präsentiert werden: Überschrift -> wichtigste Argumente -> Schlussfolgerung. Diese Fragen können dabei relevant sein:

- „Was kann zusammenfassend zum jetzigen Zeitpunkt festgehalten werden?“
- „Auf welche Punkte können wir uns jetzt schon verständigen?“
- „Hinsichtlich welcher Strategien gibt es jetzt bereits Einigkeit?“
- „Welche Ansätze wollen wir festhalten?“

6.4 Gruppendiskussion-Tipps für die Praxis

Folgende Regeln gelten in der Gruppendiskussion:

- Höre aktiv zu: Sei geduldig bereit zuzuhören, falle anderen nicht ins Wort und verstehe Argumente anderer nicht als Angriff auf deine eigene Position. Der häufigste Fehler in Diskussionen ist die Unfähigkeit, einander wirklich zuzuhören
- Kommuniziere klar und deutlich: Frage nach, ob du die Punkte anderer richtig verstanden hast, und fasse diese gegebenenfalls in eigenen Worten zusammen. Frage nach, ob du richtig verstanden wurdest.
- Verdeutliche deine Motive und Ziele: Neben dem inhaltlichen Diskutieren solltest du ebenso deutlich machen, weshalb du denkst, wie du denkst. Sprich deine inneren Beweggründe wie Motive, Ziele oder Gefühle an, denn dies führt zu einer verständlicheren Kommunikation.
- Setze Argumente geschickt ein: Bring das stärkste Argument zum Schluss, das zweitstärkste Argument zu Beginn (vgl. Fünf-Satz-Technik).
- Körpersprache: Stelle beide Füße hüftbreit auf den Boden, neige deinen Oberkörper leicht nach vorne. Dies signalisiert Aufmerksamkeit und Aktivität. Suche Blickkontakt zu den anderen Diskutanten.

Die Fünf-Satz-Technik

1. Benenne klar und kurz deinen Standpunkt: „Ich bin davon überzeugt, dass ..."
2. Präsentiere deine Argumente: „Meine Erfahrungen sind ..."
3. Untermauere deine Argumente durch Beispiele oder Beweise: „So habe ich bereits selbst erlebt, dass ..."
4. Begegne möglichen Einwänden oder komme diesen zuvor: „Sie werden jetzt denken, dass ... Ich versichere Ihnen jedoch, ..."
5. Fazit ziehen: „Aus den vorangegangenen Gründen plädiere ich für ..."

6.5 Tipps für die Moderation/Diskussionsleitung

Ob eine Gruppendiskussion gelingt, hängt auch vom Geschick des Moderators ab. Als Diskussionsleiter solltest du beispielsweise darauf achten, dass die Runde beim Thema bleibt, alle Teilnehmer gleichermaßen zu Wort kommen und die vorgegebene Zeit eingehalten wird. Das funktioniert nur, wenn du dich gründlich vorbereitet hast. Zusammenfassend lassen sich die Regeln für Diskussionsleiter wie folgt darstellen:

- **Einleitung/Diskussion eröffnen**
    - Führe zu Beginn der Diskussion zum Thema hin und umreiße es.
    - Benenne den Zeitrahmen.
    - Stelle Fragen als Diskussionsanreiz, zum Beispiel „Wie ist Ihre Erfahrung?“, „Was sollte geschehen?“
    - Stelle Thesen als Fragen, zum Beispiel „Sind Sie der Meinung, dass ...?“
- **Weiterer Verlauf**
    - Fasse Beiträge und Ergebnisse in einer Aussage zusammen.
    - Vermeide eine Parteinahme, das heißt, sei unparteiisch und beachte, dass alle Vorschläge „überlegenswert“ sind. Ordne Meinungen und hebe sie voneinander ab.
    - Stelle eine ausgeglichene Diskussion her und beziehe alle Teilnehmer mit ein.
    - Zeige Interesse für alle Beiträge.
- **Ausklang/Schluss**
    - Danke allen Teilnehmern.
    - Erwähne, dass es sich um ein vielschichtiges Thema handelt und dass für die Diskussion leider zu wenig Zeit zur Verfügung stand.

6.6 Fragen zur Gruppendiskussion

Im Folgenden werden dir Fragen zu den Inhalten dieser Lektion gestellt. Zu jeder Frage werden vier Antwortmöglichkeiten angegeben. Wähle die richtige Antwort aus. Es können mehrere Antworten korrekt sein.

Zeit: **15 Minuten**

1. Welche Situationen werden in einer Gruppenaufgaben häufig nachgespielt?
a) Meeting mehrerer Führungskräfte
b) Vorstellungsgespräch
c) Mitarbeitergespräch/Kritikgespräch
d) Besprechung

2. Welche Aussage kann auf eine Gruppendiskussion zutreffen?
a) Bei einer Teamaufgabe erhalten mehrere Kandidaten denselben Arbeitsauftrag.
b) Bei einer Teamaufgabe erhalten die Kandidaten einer Gruppe unterschiedliche Rollenzuweisungen.
c) Eine Teamaufgabe wird von drei bis vier Kandidaten bearbeitet.
d) Vor der Diskussion wird der Gruppe die Möglichkeit gegeben, sich vorab über das Vorgehen abzusprechen.

3. Welche Aussage trifft auf eine führerlose Gruppendiskussion ohne Rollen zu?
a) Ein zuvor bestimmtes Gruppenmitglied beginnt die Diskussion.
b) Den Kandidaten wurden konkurrierende Rollen zugewiesen.
c) Die Gestaltung der Diskussion ist gänzlich den Kandidaten überlassen.
d) Der Bewertungsmaßstab der Beobachter ist weniger streng als bei anderen Diskussionen.

4. Welche Aussage trifft auf eine geführte Gruppendiskussion ohne Rollen zu?
a) Ein vorab bestimmtes Gruppenmitglied übernimmt die Rolle des Moderators.
b) Die Zuweisung der Rollen erfolgt durch den Moderator.
c) In manchen Fällen bestimmen die Gruppenmitglieder den Moderator.
d) Neben dem Moderator existieren keine konkurrierenden Rollenvorgaben für die weiteren Gruppenmitglieder.

5. Welche Aussage trifft auf eine geführte Gruppendiskussion mit Rollen zu?
a) Ein bestimmtes Gruppenmitglied wird zum Moderator bestimmt.
b) Neben der Rolle des Moderators existieren weitere Rollenvorgaben.
c) Jedes Gruppenmitglied (neben dem Moderator) erhält eine Rollenzuweisung.
d) Die Rollen sind nicht konkurrierend.

6. Welche Themen werden gerne in der Gruppenaufgabe behandelt?
a) globale Themen, wie z. B. die Frauenquote in Vorstandsetagen oder ein Rauchverbot am Arbeitsplatz
b) unternehmensspezifische Themen
c) Marketingmaßnahmen für ein neues Produkt planen
d) organisatorische Themen wie den Aufbau einer neuen Abteilung

7. Welche Aktionen sollten in Phase 1 (Klärung der Aufgabe/Beginn) der Diskussion stattfinden?
a) Verständigung auf Thema
b) gemeinsames Verständnis für Aufgabenstellung schaffen
c) Brainstorming
d) Positionen klären

8. Wie sollte in der Gruppe verfahren werden, nachdem ein gemeinsames Verständnis von der Aufgabe geschaffen wurde?
a) Jedes Gruppenmitglied stellt seine Position kurz vor.
b) Die Gruppe beginnt damit, einzelne Positionen zu diskutieren.
c) Bei Aufgaben in denen eigene Konzepte entwickelt werden müssen, bietet sich ein Brainstorming an.
d) Eine Pro- und Contra-Betrachtung aller Vorschläge wird durchgeführt.

9. In welchen Fällen eignet sich ein Brainstorming, bevor mit der Diskussion begonnen wird?
a) Aufgabenstellungen, in denen die Gruppenmitglieder eigene Ideen für ein Konzept entwickeln müssen
b) Aufgabenstellungen, in denen kaum Vorbereitungszeit zur Verfügung steht
c) Aufgabenstellungen, in denen kreative Ideen für ein Problem gefunden werden müssen
d) Aufgaben, in denen ein Moderator bestimmt wird

10. Was ist bei einem Brainstorming zu beachten?
a) Ideen dürfen vorab kritisiert werden.
b) Ideen dürfen nicht kritisiert werden.
c) Exotische Vorschläge brauchen nicht mitaufgenommen zu werden.
d) Jede vorgeschlagene Idee wird umgehend diskutiert.

11. Welche Aussage ist zutreffend?
a) Das Ziel der Gruppendiskussion ist es, alle Positionen der einzelnen Gruppenmitglieder so gut wie möglich zu bedienen und ein für alle perfektes Ergebnis anzustreben.
b) Zu Beginn der Diskussion sollte von einem Gruppenmitglied darauf hingewiesen werden, dass keine Lösung gefunden werden kann, die alle zu 100 Prozent zufriedenstellt, sondern vielmehr jeder bereit sein muss, Kompromisse einzugehen.
c) Es ist wichtig, zu Beginn der Diskussion die anderen Gruppenmitglieder darauf hinzuweisen, dass es kein für alle perfektes Ergebnis geben kann, da dadurch vorneweg etwas Druck genommen wird.
d) Es ist sinnvoll, dass jedes Gruppenmitglied zu Beginn kurz seine Position/Argumente vorstellt, damit schnell klar wird, welche Meinungen vertreten werden.

12. Welche Vorgehensweise ist sinnvoll?
a) Selbst wenn die Aufgabenstellung einen Moderator vorgibt, kann die Gruppe eine andere Person zum Moderator bestimmen, den sie für diese Aufgabe geeigneter hält.
b) Die Gruppe bestimmt zu Beginn eine Person, die dafür sorgt, dass jedes Mitglied der Gruppe in etwa dieselbe Redezeit hat.

c) Bei einer führerlosen Diskussion kann die Gruppe einen Moderator bestimmen.
d) Zum Beginn der Diskussion wird ein Gruppenmitglied beauftragt, die Zeit zu messen.

13. Welche Informationen müssen die Präsentationsmittel zur Ergebnispräsentation (z. B. Tafel, Whiteboard) aufweisen?
a) Hauptargumente für die vereinbarte Vorgehensweise
b) Diskussionsergebnis
c) Namen der Gruppenmitglieder
d) Thema als Überschrift

14. Welche Kriterien bewerten die Beobachter positiv bei der Gruppendiskussion?
a) durchgehende Beteiligung am Diskussionsgeschehen
b) Dominanz zu Beginn des Gesprächs
c) respektvoller Kommunikationsstil
d) Überzeugungskraft

15. Wodurch zeichnet sich aktives Zuhören aus?
a) anderen nicht ins Wort fallen
b) klar und deutlich kommunizieren
c) Bereitschaft, anderen zuzuhören
d) Argumente anderer nicht als Angriff auf eigene Person verstehen

16. Wie setzt man Argumente geschickt ein?
a) das wichtigste Argument zum Schluss, das zweitwichtigste Argument zu Beginn nennen
b) mit einem schwächeren Argument beginnen und das wichtigste Argument als zweites nennen
c) die Argumente nach Gewicht aufzählen: zuerst das schwächste Argument
d) die Argumente nach Gewicht aufzählen: zuerst das wichtigste Argument

Lösungen

Zu 1.: a), d)

Zu 2.: a), b), c)

Zu 3.: c)

Zu 4.: a), c)

Zu 5.: a), b), c)

Zu 6.: a), b), c), d)

Zu 7.: a), b)

Zu 8.: a), c)
Bei Aufgaben, in denen eine gewisse Vorbereitungszeit gegeben ist, bietet es sich an, dass jedes Gruppenmitglied seine Position kurz vorstellt. Erst nachdem alle Sichtweisen vorgestellt wurden, beginnt die Diskussion.

Zu 9.: a), b)

Zu 10.: b)
Das Brainstorming dient der Ideensammlung. Erst in der darauffolgenden Diskussion werden die eingereichten Vorschläge genauer behandelt und dürfen dann auch kritisiert werden.

Zu 11.: b), c), d)

Zu 12.: c), d)

Zu 13.: a), b), d)

Zu 14.: a), c), d)

Zu 15.: a), c), d)

Zu 16.: a)

7. Postkorbübung

Die Postkorbübung ist eine bekannte Einzelaufgabe im Assessment Center. In dieser Aufgabe wird dir ein Posteingang vorgelegt, der aus zahlreichen Mitteilungen besteht. Anhand dieser Nachrichten, die zum Beispiel E-Mails von Kollegen oder Schreiben von Kunden enthalten können, musst du Probleme erkennen und die richtigen Entscheidungen treffen. Wie schon bei der Fallstudie, so sind auch bei der Postkorbübung in einer knappen Bearbeitungszeit viele Informationen auszuwerten und zu priorisieren. Während jedoch eine Fallstudie von strategischen Themen wie dem Aufbau einer Vertriebsstrategie für ein künftiges Produkt handelt, geht es bei der Postkorbübung um die Organisation von täglichen Meetings und Terminen, also um das Tagesgeschäft im Unternehmen.

7.1 Einführung in die Postkorbübung

Die Postkorbübung beginnt mit der Beschreibung der Ausgangslage. Darin wird deine Funktion im Unternehmen sowie dein Aufgabenbereich erläutert. Darüber hinaus erhältst du Informationen über Kollegen und Vorgesetzte. Die Aufgabenstellung beinhaltet gegebenenfalls wichtige Daten zum Unternehmen wie ein Organigramm oder einen Terminkalender, in den du den Ablauf der kommenden Tage eintragen musst.

Nach der Aufgabenstellung folgen die Mitteilungen von Vorgesetzten, Kollegen und Geschäftspartnern. Daneben können auch Dokumente enthalten sein, die an die Fallstudie erinnern, wie Statistiken und Mitschriften aus Meetings. Insgesamt kann dein Postkorb daher verschiedenste unternehmensinterne Mitteilungen enthalten, sodass sich ein Gesamtumfang von bis zu 25 Mitteilungen oder mehr ergeben kann. Diese Mitteilungen können in einem Ordner zusammengeführt sein oder auch als lose Blätter ausgehändigt werden. Die Zeitvorgabe beläuft sich, je nach Umfang, zwischen 30 Minuten und mehreren Stunden, wobei die Bearbeitungszeit auch in dieser Aufgabe bewusst knapp bemessen ist. In zahlreichen Postkorbübungen ist es daher nicht möglich, sämtliche Vorgänge lückenlos zu bearbeiten.

In dieser Aufgabe sollen Organisationsfähigkeit und Entscheidungsvermögen der Kandidaten geprüft werden. Es gilt, das Sammelsurium an

Mitteilungen zu einem strukturierten Terminkalender aufzubauen, der die Bedeutung der einzelnen Angelegenheiten berücksichtigt. Dabei müssen, ähnlich wie in der Fallstudie, in kurzer Zeit zahlreiche Entscheidungen bezüglich der einzelnen Termine getroffen werden. Welche Angelegenheit duldet keinen Aufschub? Was kann auch noch nächste Woche erledigt werden?

Wir unterscheiden bei der Postkorbübung zwei Kategorien: die Fragebogen-Postkorbübung und die Tableau-Postkorbübung. Bei der **Fragebogen-Postkorbübung** wird den Kandidaten zu den Mitteilungen und der Aufgabenstellung ein Multiple-Choice-Fragebogen ausgehändigt, in dem zu jeder Mitteilung des Postkorbs einige Fragen enthalten sind. Die Lösung dieser Aufgabe besteht somit darin, die einzelnen Mitteilungen des Postkorbs zu analysieren und daraufhin den Fragebogen auszufüllen.

Bei der **Tableau-Postkorbübung** steht dir anstelle eines Fragebogens eine To-do-Liste oder ein Terminkalender zur Verfügung, in den du die Geschäftsvorfälle eintragen musst. Damit hast du in der Tableau-Aufgabe einen wesentlich größeren Gestaltungsspielraum, was die Bearbeitung der Aufgabe betrifft. Bei der Tableau-Aufgabe musst du die zur Verfügung stehende Zeit geschickt managen und einen reibungslosen Geschäftsbetrieb sicherstellen. Damit du deine Lösung dokumentieren kannst, werden dir verschiedene Formulare zur Verfügung gestellt. So zum Beispiel kann man dir eine To-do-Liste für die dir untergebenen Mitarbeiter in deinem Sachgebiet vorlegen oder du füllst einen Terminkalender für die kommenden drei Wochen aus.

7.2 Allgemeine Lösungshinweise für die Postkorbübung

Für beide Varianten der Postkorbübung gelten bestimmte Regeln hinsichtlich der Aufgabenlösung. Zunächst ist es hilfreich, wenn du die Unterlagen aufteilst in zwei Kategorien: Angaben zur Ausgangssituation und die Mitteilungen des Postkorbs.

Die Angaben zur Ausgangssituation umfassen Informationen zur derzeitigen Lage des Unternehmens, zu deiner Funktion im Unternehmen, deinen Mitarbeitern sowie unter Umständen Angaben zu der gesamten Branche. Diese teils ausführliche Einführung in die Aufgabe kann sich als

Einleitungstext über mehrere Seiten erstrecken und sehr detailliert sein. Wir empfehlen dir, dass du dich keinesfalls länger als zehn Prozent deiner Bearbeitungszeit mit diesen Ausgangsinformationen beschäftigst, da die eigentliche Aufgabe, das Ausfüllen der Formulare oder des Fragebogens, den Großteil der Bearbeitungszeit in Anspruch nehmen wird und diese ohnehin knapp bemessen ist. Markiere dir in den Ausgangsinformationen Daten zu deiner Funktion beziehungsweise Zuständigkeit und zu deinem Sachgebiet. Informationen über deine Mitarbeiter können noch sehr relevant werden, wenn du im Laufe der Postkorbaufgabe einzelne Aufgaben delegieren wirst.

Zusätzlich können sich im Postkorb noch weitere Dokumente wie ein Organigramm des Unternehmens oder aktuelle Krankmeldungen von Teammitgliedern befinden. Diese übergeordneten Informationen (sogenannte Meta-Daten) legst du dir am besten auf einen separaten Stapel, da sie für die weitere Bearbeitung überaus wichtig sind.

Des Weiteren ist es sinnvoll, sich bereits zu Beginn der Bearbeitungszeit die fiktive Zeit, zu der diese Aufgabe spielt, zu notieren. Tag und Uhrzeit in der Aufgabe können vom tatsächlichen Datum, an dem du am Assessment Center teilnimmst, abweichen. Für die Koordination der Termine und Fristen ist es wichtig, dass du den Überblick behältst und von den fiktiven Daten der Aufgabenstellung ausgehst. Ein fiktives Datum in einer Aufgabe, das vom tatsächlichen Datum, an dem du am Assessment Center teilnimmst, abweicht, erschwert die Aufgabe.

Nachdem du in deiner Aufgabenbearbeitung diese Punkte zu Beginn berücksichtigt hast, gilt es nun festzustellen, ob es sich in deinem Fall um eine Fragebogen-Aufgabe, oder eine Tableau-Aufgabe handelt. Eine Fragebogen-Aufgabe erkennst du daran, dass zu jeder Nachricht vorgegebene Fragen bearbeitet werden müssen. Diese Fragen können in Textform oder als Multiple-Choice-Fragen auftreten. Demgegenüber erkennst du die Tableau-Aufgabe daran, dass es unterschiedliche Antwortformate wie Formulare, Checklisten- To-do-Listen, oder Terminkalender gibt.

7.3 Lösungshinweise für die Fragebogen-Postkorbübung

Wie bereits im Unterkapitel 7.2 geschildert, beginnt jede Postkorbübung mit der Erfassung der Ausgangssituation. Danach werden die einzelnen Nachrichten nach besonders relevanten Informationen (Meta-Daten) durchsucht. Vergiss nicht, dir die wichtigsten Daten aus der Aufgabenstellung zu notieren: Datum und Uhrzeit, deine Funktion im Unternehmen, Informationen über deine Mitarbeiter sowie gegebenenfalls Fristen für wichtige Projekte. All diese Schritte sollten nicht mehr als drei Minuten benötigen, da dies lediglich die Vorbereitung der eigentlichen Aufgabenbearbeitung darstellt.

Bevor du nun damit beginnst, die einzelnen Nachrichten zu analysieren und Fragen dazu zu beantworten, überschlägst du noch kurz, wieviel Zeit dir pro Nachricht zur Verfügung steht. Bei einer Bearbeitungszeit von 45 Minuten und 18 Postkorb-Nachrichten würde sich somit eine Bearbeitungszeit von zweieinhalb Minuten pro Nachricht ergeben. Berücksichtige dieses Zeitfenster pro Nachricht bei deiner weiteren Bearbeitung. Falls dir einzelne Nachrichten und die dazugehörigen Fragen Schwierigkeiten bereiten, ist es ratsam, diese zurückzustellen und erst zum Ende der Bearbeitungszeit zu bearbeiten. Bei der Fragebogen-Aufgabe sollten unbeantwortete Fragen vermieden werden, da fehlende Antworten zu Punktverlust führen.

7.4 Lösungshinweise für die Tableau-Postkorbübung

Nach dem Erfassen der Ausgangssituation wird auch in der Tableau-Postkorbübung das Material gescannt. Dieser Schritt dient dazu, sich einen Überblick über die zu bearbeitenden Nachrichten zu verschaffen. Die Tableau-Aufgabe beinhaltet jedoch wesentlich mehr Nachrichten als die Fragebogen-Postkorbübung. Während eine Fragebogen-Aufgabe im Schnitt aus fünf bis 25 Nachrichten besteht, ist bei der Tableau-Aufgabe auch eine hohe zweistellige Anzahl an Mitteilungen möglich. Aufgrund der größeren Anzahl an Mitteilungen ist es besonders wichtig, die systemrelevanten Informationen zu erfassen und hervorzuheben. Diese befinden sich quer verteilt in dem Bündel an Nachrichten. Achte insbesondere auf Informationen über deine Mitarbeiter, Organisationspläne und Krankmeldungen von Mitarbeitern. Wie schon bei der Case Study, ist es auch bei der Postkorbübung sinnvoll, die Mitteilungen nach Dringlichkeit zu sortieren. Wenn es bei der Tableau-Aufgabe darum geht, einen Terminkalender auszufüllen, kannst du die einzelnen Mitteilungen nach Terminrelevanz sortieren. Projekte mit einer knappen Frist werden bevorzugt und sobald wie möglich bearbeitet. Um die einzelnen Blätter nach Dringlichkeit zu sortieren, kannst du einen eigenen Stapel bilden oder die einzelnen Seiten markieren, falls diese nicht herausgetrennt werden können. Nachdem du dir eine Struktur geschaffen hast, arbeitest du die einzelnen Nachrichten nach Relevanz ab. Falls du in dieser Aufgabe in der Position einer Führungskraft bist, kannst du bestimmte einzelne Aufgaben delegieren. Aufgaben, die von Personalplanung oder Budgetangelegenheiten handeln, solltest du jedoch stets selbst erledigen.

7.5 Beispielaufgabe Postkorbübung

Und so kann deine Postkorbübung aussehen: Heute ist der 5. August 2020 und es ist genau 9:30 Uhr. Du bist Vertretungskraft für Herrn Joachim Faber, dem Projektmanager in einem IT-Unternehmen, das Buchführungssoftware anbietet. Dein Kollege befindet sich bereits seit zwei Wochen im Urlaub und fällt weiterhin für eine ungewisse Zeit krankheitsbedingt aus. Du hast dir vorgenommen, sein E-Mail-Postfach aufzuräumen, in welchem sich bereits 30 ungelesene Nachrichten befinden.

Für die Bearbeitung hast du dir folgende Gedanken gemacht: Alle Fehlermeldungen, PC-Probleme und Softwarefehler leitest du direkt an den Entwickler Herr Söhrensen weiter. Ist eine Fehlermeldung, ein gemeldetes PC-Problem oder die Meldung über einen Softwarefehler älter als fünf Tage oder aber das Problem ist besonders dringend, rufst du den Absender stattdessen direkt an und bittest um einen Aufschub. Handelt es sich um eine neue Anforderung an die Software, nimmst du den Vorschlag auf und antwortest dem Absender per E-Mail. Genauso verfährst du bei sonstigen Kundennachrichten. Alle privaten E-Mails werden von dir ignoriert, genauso wie Spam-Mails oder E-Mails von Frau Katrin Lehmann. Bei allen finanziellen Angelegenheiten (Mahnungen, Rechnungen, Rabatte, Angebote, Kostenvoranschläge) oder bei Kritik an der Organisation leitest du die E-Mail an Frau Schmidt aus der Buchhaltung und Organisation weiter. Bitte gebe nach jeder E-Mail an, wie du vorgehen würdest.

Deine Vorgehensweise:
a) Weiterleitung an Herr Söhrensen
b) Anruf
c) auf E-Mail antworten
d) ignorieren
e) Weiterleitung an Frau Schmidt

Für die folgende Aufgabe hast du **20 Minuten** Zeit.

E-Mail Nr. 1:
Datum: 29. Juli 2020, 9:00:24
Von: Monika Albrecht
Text:
Sehr geehrte Damen und Herren,

heute Morgen startete ich den PC und ich konnte die gestern gespeicherten Rechnungen nicht mehr aufrufen. Weder vom Desktop-PC aus noch von meinem Smartphone. Was soll ich nun machen?

Freundliche Grüße
Monika Albrecht

E-Mail Nr. 2:
Datum: 31. Juli 2020, 17:12:43
Von: Marlene Huber
Text:
Sehr geehrte Damen und Herren,

Ich glaube, bei Ihnen läuft etwas gewaltig schief. Ich kann weder telefonisch noch per E-Mail irgendjemanden erreichen. Ich versuche es schon seit über einer Woche und unsere Buchhaltung kann nicht weiterarbeiten. Das wird finanzielle Konsequenzen für Sie haben.

Mit freundlichen Grüßen
Marlene Huber

E-Mail Nr. 3:
Datum: 24. Juli 2020, 9:19:01
Von: Katrin Lehmann
Text:
Sehr geehrter Herr Faber,

wie schon die letzten Tage habe ich auch heute wieder das Problem, dass der Bildschirm während der Arbeit immer wieder ausgeht. Es wird auf einmal alles schwarz und ich kann nicht weiterarbeiten. Dann ziehe ich den Stecker, warte eine Minute und mache danach alles wieder an. Nach einer halben Stunde wieder das gleiche Problem. Bitte helfen Sie mir.

Mit freundlichen Grüßen

E-Mail Nr. 4:
Datum: 16. Juni 2020, 14:32:29
Von: Maja Scholz
Text:
Sehr geehrte Damen und Herren,

Ich habe letzte Woche Ihre Software gekauft, merke aber nun, dass mir das Kundenstammdaten-Modul fehlt. Wie kann ich es aktivieren? Muss ich dafür das Debitorenprogramm zusätzlich ordern oder lässt sich das mit wenigen Klicks beheben?

Mit freundlichen Grüßen
Maja Scholz

E-Mail Nr. 5:
Datum: 06. Juli 2020, 23:06:24
Von: Wladimir Sukin
Text:
Sehr geehrte Damen und Herren,

Ich weiß, Rechnungen können vergessen werden. Deshalb möchte ich Sie wiederholt an die Zahlung unserer Rechnung vom 23.05.2020 erinnern.

Mit freundlichen Grüßen
Wladimir Sukin

E-Mail Nr. 6:
Datum: 4. August 2020, 16:15:45
Von: Lotterie Nord-West
Text:
Sehr geehrte Damen und Herren,

Wir gratulieren Ihnen zu Ihrem Gewinn. Sie nahmen erfolgreich an unserer Glückslotterie teil und gewinnen 500.000 Euro. Damit wir Ihnen die Summe überweisen können, klicken Sie bitte hier: *LINK* und geben Sie Ihre Bankverbindung sowie Ihre TAN-Nummer ein. Schon wenige Augenblicke später führen wir den Transfer aus.

Mit freundlichen Grüßen
Ihre Lotterie Nord-West

E-Mail Nr. 7:
Datum: 28. Juli 2020, 11:10:18
Von: Katrin Lehmann
Text:
Sehr geehrter Herr Faber,

da ich noch immer keine Antwort auf meine E-Mail vom 24. Juli von Ihnen erhalten habe, sehe ich mich gezwungen, das Programm zu kündigen. Ich bitte Sie, mir die überwiesenen 28,90 Euro für die letzten drei Monate zurückzuerstatten.

Mit freundlichen Grüßen
i.V. Katrin Lehmann

E-Mail Nr. 8:
Datum: 30. Juli 2020, 19:45:42
Von: Hans Beck
Text:
Hallo Herr Faber,

Ich weiß nicht, ob ich bei Ihnen richtig bin, aber ich fange einfach mal an: Ich habe einen kleinen Handwerksbetrieb und möchte mich in naher Zukunft zur Ruhe setzen, deshalb wird der Betrieb aufgelöst. Mein Sohn möchte nun alle Kundenstammdaten, Lieferanten und Projekte in sein Unternehmen mit einer anderen Software überführen. Dazu müssen die Daten in einer „XML-Datei" vorliegen, so seine Aussage. Kann man das mit Ihrer Soft-ware so lösen?

Besten Dank im Voraus.
Mit freundlichen Grüßen
Hans Beck

E-Mail Nr. 9:
Datum: 15. Juli 2020, 14:35:58
Von: Firma Seibert
Text:
Sehr geehrte Damen und Herren,

Wir hatten bei Ihnen das gesamte FiBi-Paket gebucht, doch leider kann unsere IT die Software noch immer nicht installieren. Es kommt während des Installationsvorgangs zu einem unerwarteten Fehler, sodass dieser nicht abgeschlossen werden kann. Wir bitten um einen schnellen Rat von einem Fachmann.

Mit freundlichen Grüßen
i.A. Amelie Neumann
Firma Seibert

E-Mail Nr. 10:
Datum: 2. Aug. 2020, 12:13:41
Von: Mattis Krieger
Text:
Sehr geehrte Damen und Herren,

sehe ich das richtig, dass ich für den Rechnungsdruck das Dokument erst speichern muss, danach wieder schließen und erst dann öffnen und in ein PDF-Dokument umwandeln muss? Versuche ich die Rechnung aktuell direkt in das PDF-Format umzuwandeln, erhalte ich nur ein leeres Blatt. Es kann doch nicht so kompliziert sein, oder?

Mit freundlichen Grüßen
Mattis Krieger

E-Mail Nr. 11:
Datum: 03. August 2020, 17:24:15
Von: Jochen Kaiser
Text:
Sehr geehrte Damen und Herren,

nach anfänglicher Skepsis habe ich mich nun doch für Ihr Produkt entschieden und war die ersten Tage auch zufrieden. Nun überwiegt aber wieder die Skepsis, da ich beim Erstellen von Angebot 2 die Meldung erhalte: „Unknown Error". Ich weiß nicht, wie ich das Angebot abschließen soll, und mein Kunde wartet darauf. Im Anhang sende ich Ihnen einen Screenshot.

Mit freundlichen Grüßen
Kaiser

E-Mail Nr. 12:
Datum: 02. August 2020, 6:15:48
Von: Melanie Lange
Text:
Sehr geehrte Damen und Herren,

Ich sitze vor einem kleinen Problem und komme nicht weiter. Meine Kostenvoranschläge werden immer auf zwei Seiten gedruckt, obwohl ich nur eine Position habe. Bei den Rechnungen klappt es mit dem Druck auf eine Seite. Mache ich was falsch?

Mit freundlichen Grüßen
Melanie Lange

E-Mail Nr. 13:
Datum: 9. Juli 2020, 16:00:19
Von:
Text:
Hallo Joachim,

Ich bin's, die Mama von Josephie. Ich wollte fragen, ob Emelie nächste Woche Dienstag uns mal besuchen kommen mag. Josephie würde sich sehr darüber freuen. Gerne kann ich die beiden nach dem Kindergarten zusammen abholen.

Liebe Grüße
Monika

E-Mail Nr. 14:
Datum: 31. Juli 2020, 5:15:45
Von: Annabell Sauer
Text:
Sehr geehrter Herr Faber,

das mit dem Neustart hatte nicht funktioniert. Obwohl ich schon alles Mögliche ausprobiert habe, wird mir das PDF für die Rechnung nicht ausgegeben. Stattdessen erhalte ich ein Dokument mit lauter Sonderzeichen. Bitte helfen Sie mir. Ich bin schon echt verzweifelt.

Grüße
Annabell Sauer

E-Mail Nr. 15:
Datum: 1. August 2020 18:08:47
Von: Patrick Seilbach
Text:
Hi Joachim,

Ich hoffe, dir, deiner Frau und den Kindern geht es gut. Leider kann ich nächste Woche nicht mit zum geplanten Segeltörn, da in meiner Familie alle krankheitsbedingt ziemlich angeschlagen sind. Aber an der Kostenpauschale in Höhe von 300 Euro bleibe ich selbstverständlich weiter beteiligt.

Viele Grüße
Patrick

E-Mail Nr. 16:
Datum: 4. August 2020 13:11:18
Von: Shirin Arlan
Text:
Sehr geehrte Damen und Herren,

Wir haben die Software gekauft und uns fehlen noch folgende Funktionen: Wir müssen unsere Rechnungen direkt mit dem Paypal-Konto verbinden, sodass eine Zuordnung zu den Zahlungen möglich ist. Wir müssen alle Kontenbewegungen als CSV-Datei an die Steuerkanzlei weiterleiten. Wie können wir das bewerkstelligen?

Bitte melden Sie sich schnell.

Mit freundlichen Grüßen
Shirin Arlan

E-Mail Nr. 17:
Datum: 2. August 2020, 16:28:37
Von: Katrin Lehmann
Text:
Sehr geehrter Herr Faber,

Ich bin's mal wieder! :-) Das Problem mit meinem Bildschirm hat sich anscheinend von selbst gelöst. Mein Neffe kam letztens zu mir und meinte, dass ich wohl beim Putzen das Netzkabel des Monitors erwischt habe und dieses wohl etwas lose war. Das Kabel steckt nun wie es soll und alles funktioniert prima. Ich bleibe Ihnen somit auch weiterhin treu.

Mit freundlichen Grüßen
Katrin Lehmann

E-Mail Nr. 18:
Datum: 29. Juli 2020, 14:47:46
Von:
Text:
Sehr geehrte Damen und Herren,

wie besprochen sende Ich Ihnen unser Angebot für die beiden .NET-Entwickler zur Behebung der Fehler Nr. 2–5.

Mit freundlichen Grüßen

E-Mail Nr. 19:
Datum: 28. Juli 2020, 7:28:51
Von: Apotheker um die Ecke
Text:
Sehr geehrte Damen und Herren,

plagen auch Sie andauernd Potenzprobleme? Damit ist jetzt Schluss! Mit unseren neuen Produkten zur Bekämpfung von Erektionsstörungen haben Sie ein Problem weniger. Für schlappe 29,99 Euro erhalten Sie eine Packungseinheit zum Kennenlernpreis.

Mit freundlichen Grüßen
Ihr Apotheker

E-Mail Nr. 20:
Datum: 31. Juli 2020, 19:03:47
Von: Lennard Fuchs
Text:
Hallo Joachim,

der Kunde „Kanalbau Nord" hat unsere Rechnung mit der Nr. 938271 noch immer nicht beglichen, obwohl wir bereits zweimal angemahnt haben. Kannst du direkt mal nachhaken, woran das liegt?

Grüße von Lennard

Lösungen

Hinweis: Bei einigen E-Mails sind mehrere Lösungen möglich. Wichtig ist nur, dass du den eigenen Lösungsansatz stichhaltig begründen kannst.

1. a)
2. e)
3. d)
4. c)
5. e)
6. d)
7. d)
8. c)
9. b)
10. a)
11. b)
12. a)
13. d)
14. b)
15. d)
16. c)
17. d)
18. e)
19. d)
20. e)

7.6 Fragen zur Postkorbübung

Im Folgenden werden dir Fragen zu den Inhalten dieser Lektion gestellt. Zu jeder Frage werden vier Antwortmöglichkeiten angegeben. Wähle die richtige Antwort aus. Es können mehrere Antworten korrekt sein.

Zeit: **15 Minuten**

1. Womit werden die Kandidaten in der Aufgabenstellung einer Postkorbübung meistens konfrontiert?
a) mittelfristige Unternehmensziele erreichen
b) Organisieren des Tagesgeschäfts
c) Aufbau von Organisationen
d) langfristige Strategien entwickeln

2. Welche Unterlagen können sich im Postkorb befinden?
a) Briefe
b) abgedruckte E-Mails
c) Terminkalender
d) Auszüge aus Meetings

3. Welche Definition trifft auf die Postkorbübung zu?
a) Die Postkorbübung ist eine Einzelaufgabe, in der der Bewerber den Auftrag erhält, basierend auf einem Posteingang das Tagesgeschäft zu organisieren.
b) Die Postkorbübung ist eine Gruppenaufgabe, in der die Bewerber den Auftrag erhalten, basierend auf einem Posteingang problematische Situationen zu lösen.
c) Die Postkorbübung ist eine Einzelaufgabe, in der der Bewerber den Auftrag erhält, mittel- und langfristige unternehmerische Strategien aufzubauen.
d) Die Postkorbübung ist eine Einzelaufgabe, in der der Bewerber den Auftrag erhält, basierend auf einem Posteingang einzelnen Aktionen Prioritäten zuzuordnen.

4. Welche Aufgaben müssen Bewerber in der Postkorbübung lösen?
a) Terminkalender ausfüllen
b) Tagesgeschäft organisieren
c) kommende Termine planen
d) mittelfristige unternehmerische Strategien entwickeln

5. Welche persönlichen Eigenschaften sind für den Erfolg in der Postkorbübung von Relevanz?
a) Organisationsfähigkeit
b) Einfühlungsvermögen
c) Kooperationsfähigkeit
d) Entscheidungsvermögen

6. Welche Aussage ist zutreffend?
a) Die Bürger- bzw. Kundenorientierung ist ein wichtiger Aspekt bei der Aufstellung des Terminkalenders im Tableau-Postkorb.
b) Bei der Aufstellung des Terminkalenders müssen unternehmensinterne Punkte stets vorrangig behandelt werden.
c) In der Tableau-Postkorbübung kommt es vor, dass nach dem Aufstellen des Terminkalenders eine To-do-Liste für die untergebenen Mitarbeiter aufgestellt werden muss.
d) Das Ausfüllen eines Terminkalenders ist lediglich bei der Fragebogen-Postkorbübung ein Thema.

7. Woran erkennt man eine Fragebogen-Postkorbübung?
a) konkrete Fragen im Multiple-Choice-Stil zu den einzelnen Dokumenten im Postkorb
b) Arbeitsauftrag zum Ausfüllen eines Terminkalenders
c) Arbeitsauftrag über eine Präsentation des Ergebnisses
d) Entwicklung von Strategien für das Unternehmen

8. Woran erkennt man eine Tableau-Postkorbübung?
a) To-do-Liste für untergebene Mitarbeiter erstellen
b) freie Lösungsansätze für einzelne Fragen formulieren
c) Ausfüllen eines Terminkalenders
d) Multiple-Choice-Aufgaben zu den einzelnen Dokumenten im Postkorb

9. Für den Beginn der Aufgabe ist es wichtig, ...
a) die vorgelegten Unterlagen in Ausgangssituation und Aufgabenstellung zu trennen.
b) sich die fiktive Zeit zu notieren.
c) ausreichend Zeit in das Lesen der Ausgangssituation zu investieren.
d) sogenannte Meta-Informationen (z. B. ein Organigramm) zu beachten.

10. Weshalb ist es so wichtig, beim Scannen der Unterlagen sämtliche Dokumente zu beachten?
a) Nur durch eine Berücksichtigung sämtlicher Dokumente kann sicher gesagt werden, ob es sich bei der vorliegenden Aufgabe um eine Tableau- oder eine Fragebogen-Postkorbübung handelt.
b) In der Aufgabe können sich weitere nützliche Informationen zur Ausgangssituation befinden.
c) Die letzten Seiten der Aufgabe beinhalten oftmals wichtige Informationen über weitere Mitarbeiter des Unternehmens.
d) Die letzten Seiten der Aufgabe beinhalten oftmals wichtige Informationen zu den Zuständigkeiten innerhalb des Unternehmens.

11. Welche Informationen sollte man sich beim Scannen der Unterlagen notieren?
a) Tag, an dem die Aufgabe spielt
b) Namen der anderen Mitarbeiter
c) Ende von Fristen
d) Funktionen der anderen Mitarbeiter

12. Wieviel Zeit sollte in das Scannen der Unterlagen investiert werden?
a) zwei bis drei Minuten
b) zehn Minuten
c) 50 % der Bearbeitungszeit
d) zirka 15 Minuten

13. Wieviel Zeit sollte in das Lesen der Ausgangssituation investiert werden?
a) maximal 10 % der Bearbeitungszeit
b) höchstens ein Viertel der Bearbeitungszeit
c) 20 % der Bearbeitungszeit
d) 30 % der Bearbeitungszeit

14. Welche der folgenden Dokumente solltest du bei der Postkorbübung gesondert behandeln?
a) Krankmeldungen von Mitarbeitern
b) Mitschriften aus Meetings
c) Organisationsplan des Unternehmens
d) Zuständigkeiten der Teammitglieder/Kollegen

15. Welche Vorgehensweise ist bei der Fragebogen-Postkorbübung zu empfehlen?
a) Die einzelnen Nachrichten werden nach Dringlichkeit sortiert.
b) Nachrichten, deren Fragen auf den ersten Blick unverständlich wirken und offensichtlich mehr Zeit in Anspruch nehmen, werden nicht bearbeitet, da die Bearbeitungszeit ohnehin nicht ausreicht, um alle Fragen zu beantworten.
c) Zunächst wird kurz überschlagen, wieviel Bearbeitungszeit für jede Nachricht zur Verfügung steht. Anschließend wird jede Nachricht unter Beachtung der für dieses Dokument zur Verfügung stehenden Zeit bearbeitet.
d) Zum Beginn der Aufgabe wird die Uhrzeit sowie das Datum, zu dem die Aufgabe spielt, notiert.

Lösungen

Zu 1.: b)

Zu 2.: a), b), c), d)

Zu 3.: a), d)

Zu 4.: a), b), c)

Zu 5.: a), d)

Zu 6.: a), c)

Zu 7.: a), d)

Zu 8.: a), b), c)

Zu 9.: a), b), d)

Zu 10.: c)

Zu 11.: a), b), c), d)

Zu 12.: a)

Zu 13.: a)

Zu 14.: a), c), d)
Bei Krankmeldungen, Organisationsplänen und Zuständigkeitsübersichten handelt es sich um sogenannte Meta-Informationen. Die geben die Rahmenbedingungen vor und sollten daher bereits zu Beginn der Aufgabe gesondert auf einem Stapel gesammelt werden. Am besten ist es, wenn du dir die wichtigsten Informationen aus solchen Meta-Unterlagen als Notiz vermerkst und diese vor dir auf dem Tischen liegen lässt, sodass diese stets präsent sind.

Zu 15.: c), d)
Eine Ordnung der Nachrichten nach Dringlichkeit ist nur bei der Tableau-Postkorbübung zu empfehlen. Bei der Fragebogen-Postkorbübung sind alle Nachrichten gleichwertig zu behandeln und nacheinander abzuarbeiten.

8. Interview

Das Interview ist eine weitere Hürde auf deinem Weg zur Einstellung und eine beliebte Möglichkeit, um den richtigen Kandidaten zu finden. Zugleich ist es ein großer Schritt, den künftigen Kollegen oder Vorgesetzten zum ersten Mal persönlich gegenüberzusitzen. Bekanntlich liegen bei solch einem Termin die Nerven blank. Umso besser, dass wir einige Tipps für dich parat haben, mit denen du dein Interview mit Erfolg meisterst. Wenn man es genauer betrachtet, gibt es einen bestimmten Ablauf für ein solches Gespräch. Wer diesen Ablauf kennt, kann sich besser auf sein Interview vorbereiten.

8.1 Die häufigsten Interviewfragen

Die **Anreise** des Bewerbers nehmen Personaler meistens zum Anlass, das Gespräch zu beginnen. Irgendwie muss ein Vorstellungsgespräch nun einmal anfangen. In diesem Teil des Gesprächs sollst du dich zunächst wohlfühlen, damit auch das weitere Interview reibungslos verläuft. Doch auch deine Fähigkeit zum Smalltalk werden hier getestet und ob du es schaffst, einfache Fragen auch entsprechend knapp zu beantworten. Beispielfragen, die dich zum Einstieg erwarten können, sehen wie folgt aus:

- Konnten Sie gut hierher finden?
- Möchten Sie eine Tasse Kaffee trinken?

Provokationsfragen sind:

- Sind Sie nicht ein bisschen spät dran?
- Finden Sie nicht, dass eine halbe Stunde zu früh zu erscheinen unangebracht ist?

Vorstellung

Wie der Name bereits verrät, geht es im Vorstellungsgespräch darum, dass das Unternehmen dich besser kennenlernt. Dementsprechend stehst du mit all deinen Stärken, Schwächen, Charakterzügen, Werten und auch deiner Arbeitsweise im Vordergrund eines solchen Gesprächs. Deine besonderen Fähigkeiten, die dich im Beruf weiterbringen, werden thematisiert. Dabei interessiert die Personaler nicht, was du in deiner Freizeit machst, so lange es nichts mit deinem zukünftigen Job zu tun hat. Sollten deine Hobbys aber beispielsweise deine besondere Teamfähigkeit untermalen, solltest du diese auch an der passenden Stelle und sinnvoll begründet einbringen. Generell ist immer wichtig, dass du deine Antworten erklärst und nach Möglichkeit an Beispielen belegst. So wirkst du glaubwürdiger und auch individueller. Achte auch darauf, geschlossene Ja/Nein-Fragen möglichst begründend zu beantworten. Fragen zu deiner Persönlichkeit könnten folgendermaßen aussehen:

Fragen zur Persönlichkeit/Stärken-Schwächen-Profil

- Erzählen Sie uns doch einmal etwas ganz Allgemeines über sich, wir würden Sie gerne besser kennenlernen.
- Nennen und erläutern Sie uns bitte Ihre Stärken.
- Welche Eigenschaften zählen Sie zu Ihren Schwächen?
- Welche Ideen haben Sie in Ihrer Vergangenheit eigenständig umgesetzt?
- Welchen Fehler bereuen Sie noch heute? Haben Sie denn etwas daraus gelernt?
- Können Sie drei positive Charaktereigenschaften nennen, die Ihnen persönlich fehlen?
- Was bereitet Ihnen besondere Angst?
- Erzählen Sie bitte anhand persönlich gewählter Beispiele, wann Ihre Leistung überdurchschnittlich und auch unterdurchschnittlich war.
- In Ihrem zukünftigen Job werden Sie täglich mit Menschen in Kontakt kommen. Was stört Sie an Menschen am meisten? Und wie kommen Sie damit klar?
- Was müssen wir unbedingt über Sie wissen?
- Wenn Sie sich Ihr Leben in fünf Jahren vorstellen: Wo werden Sie dann stehen?
- Nennen Sie bitte Ihren größten im Leben erreichten Erfolg.
- Welche großen Lebensträume verfolgen Sie?
- Sind Sie ein Mensch, der gerne Verantwortung übernimmt?

Fragen zum Charakter und zu den Werten

- Mit welchen fünf Begriffen würden Sie Ihren Charakter beschreiben?
- Wenn ich Ihre Freunde fragen würde, welche drei Charaktereigenschaften würden diese Ihnen zuteilen?

- Gibt es etwas, auf das Sie besonders stolz sind?
- Welche Lektion in der Schule war für Sie am wichtigsten und bedeutsamsten?
- Welche Person hat Sie maßgeblich in Ihrem Leben geprägt? Können Sie das auch anhand eines Beispiels erläutern?
- Was würden Sie sagen, welche Persönlichkeiten stoßen bei Ihnen auf Sympathie?
- Wenn Sie sich an die vergangenen zwei Jahre zurückerinnern, welche Entscheidung fiel Ihnen da besonders schwer?
- Welche Tat bedauern Sie in Ihrem Leben am meisten?
- Fiele es Ihnen schwer, für jemanden zu arbeiten, dessen Wissensstand niedriger ist als der Ihre?
- Wie würden Sie reagieren, wenn Sie mitbekommen, dass Ihr Arbeitgeber in etwas Verbotenes verwickelt ist?
- Wie würden Sie sich selbst einschätzen? Eher introvertiert oder eher extrovertiert?

<u>Arbeitsweise</u>

- Wie lautet Ihr Geheimnis, um sich perfekt zu motivieren?
- Beschreiben Sie bitte kurz Ihren Arbeitsstil.
- Welche Arbeitsbedingungen tragen am ehesten zu Ihrer Motivation und Ihrem Erfolg bei?
- Sagen Sie uns bitte, was Sie an Ihrer Arbeit als am wichtigsten erachten.
- Haben Sie spezielle Techniken oder gar Werkzeuge, mit denen Sie sich selbst organisieren?
- Sie können Ihre Tagesaufgaben an einem Tag nicht schaffen. Wie verhalten Sie sich?
- Was tun Sie, damit Sie Ihrem neuen Team vertrauenswürdig erscheinen?
- Wie gehen Sie mit einem „Nein" als Antwort um? Wie sieht Ihr Gefühlszustand in einem solchen Moment aus?
- Was bedeuten für Sie Veränderungen und wie gehen Sie mit solchen um?

Lebenslauf

Du kannst davon ausgehen, dass die Personaler deinen Lebenslauf im Voraus genau studiert haben und dich auf eventuelle Lücken darin ansprechen werden. Du wirst dich rechtfertigen müssen und solltest ein gewisses Maß an Schlagfertigkeit aufweisen. Hier ein paar beispielhafte Fragen:

- Für welche Aufgaben waren Sie in der Vergangenheit zuständig?
- Welche beruflichen Stationen hatten Sie bisher in Ihrem Leben?
- Ihr Lebenslauf weist für meine Augen keinen roten Faden auf. Können Sie mir das erklären?
- Beurteilen Sie doch einmal bitte selbst Ihren bisherigen Werdegang.

Motivation zum Beruf

Es wird wohl mindestens einen Grund geben, warum du dich ausgerechnet bei einem bestimmten Unternehmen beworben hast. Für diese Gründe interessieren sich auch die Personaler. Auch in diesem Gebiet können dich einige provokative Fragen erwarten. Dabei ist dein rhetorisches Geschick gefragt und wie du dich und deinen Wunschberuf in das beste Licht stellst. Von Stressfragen solltest du dich nicht aus der Ruhe bringen lassen und besonders auch auf Mimik und Gestik achten. Denn du kannst noch so selbstbewusst über dich sprechen, es wird sofort auffallen, wenn deine Körpersprache diese Aussagen nicht unterstützt. Mit diesen Fragen kannst du dabei rechnen:

- Überzeugen Sie uns bitte, warum genau Sie der Richtige für uns sind.
- Kann unser Unternehmen von Ihnen eine spezielle Leistung erwarten?
- Gibt es ein bestimmtes Ziel, das Sie mit der Bewerbung bei uns verfolgen?
- Kommt ein Umzug für Sie in Frage?
- Denken Sie, dass Ihr späterer Job zu Ihnen passt und sind Sie den späteren Aufgaben gewachsen?
- Was interessiert Sie besonders am gewählten Beruf?
- Sind Sie sich sicher, dass Sie bei uns arbeiten möchten?

Eigene Erwartungen und Interessen

Ein Vorstellungsgespräch dient zwar dazu, dass das Unternehmen dich besser kennenlernt, aber auch du sollst die Möglichkeit haben, etwas über deinen zukünftigen Arbeitsplatz zu erfahren. Deshalb ist es essenziell, dass du deine Vorstellungen und Wünsche ehrlich kommunizierst. Dadurch können beide Seiten abgleichen, ob die Stelle überhaupt passend für dich ist. Wichtig ist, dass du realistisch bleibst und nicht dreist wirst. Immerhin sucht auch das Unternehmen einen neuen Mitarbeiter und wird dir bei etwaigen Unstimmigkeiten auch entgegenkommen, sofern du mit deinen Forderungen nicht übertreibst. Rhetorisches Geschick ist deshalb auch in diesem Teil des Gesprächs entscheidend. Fragen, die dir gestellt werden können, könnten folgendermaßen aussehen:

<u>Arbeitsplatz und Arbeitsfeld</u>

- Welche drei Dinge muss ein Arbeitsplatz Ihrer Meinung nach unbedingt erfüllen?
- Beschreiben Sie mir bitte Ihr Bild von einem guten Vorgesetzten.
- Welchen Erwartungen muss Ihre zukünftige Stelle gerecht werden?
- Wird Ihr zukünftiges Arbeitsfeld zu Ihren Talenten und persönlichen Eigenschaften passen?
- Wie stellen Sie sich die Zusammenarbeit mit Kollegen vor?
- Zählt Weiterbildung zu Ihren Interessen?
- Haben Sie schon Vorstellungen von Fortbildungsmöglichkeiten, die Sie in den nächsten Jahren gerne wahrnehmen würden?
- Wenn Sie an die ersten vier Wochen bei uns denken, welche Wünsche kommen da bei Ihnen auf?
- Nun haben Sie schon einiges über uns erfahren. Sind Sie immer noch der Meinung, bei uns arbeiten zu wollen?
- Weshalb haben Sie sich ausgerechnet für uns entschieden?
- Gibt es allgemein noch Ziele in Ihrem Leben, die Sie unbedingt erreichen möchten?

<u>Gehaltsvorstellungen</u>

- Welche Gehaltsvorstellungen schweben Ihnen vor?

Vorbereitung zum Unternehmen und zur Branche

Ob du nun für deinen zukünftigen Beruf brennst oder es die einzig beträchtliche Alternative für dich war, Personaler erwarten in jedem Fall, dass du dich bestens auf das Gespräch vorbereitet hast. Dazu zählt besonders eine gewisse Kenntnis über das Unternehmen, bei dem du dich bewirbst. Es wird jedoch niemand von dir verlangen, dass du interne Abläufe erläutern kannst. Die folgenden Fragen könnten Personaler dir über ihr eigenes Unternehmen stellen:

- Haben Sie sich bereits über unser Unternehmen informiert? Wie sieht Ihr Wissensstand aus?
- Haben Sie einmal einen Blick auf unsere Homepage geworfen? Was ist Ihnen dort aufgefallen?
- Können Sie mir sagen, wie viele Mitarbeiter wir beschäftigen/ Standorte wir haben ...?
- Haben Sie bereits ein Bild davon, wo künftig Ihre Hauptaufgaben liegen werden?
- Was erachten wir Ihrer Meinung nach als wichtigste Eigenschaft in Ihrer späteren Position? Haben Sie Vorstellungen von einem typischen Arbeitstag bei uns?
- Mit welchen Entwicklungen müssen wir in den nächsten Jahren rechnen?

Besondere Persönlichkeitsfragen

Je nachdem, wie lange das Gespräch dauert und wie interessiert die Personaler an dir sind, können dich auch etwas privatere oder speziellere Fragen erwarten. Du sollst damit deine Persönlichkeit und Interessen zum Vorschein bringen, aber auch indirekt deine Stärken und Schwächen aufzeigen. Bei diesen Fragen ist rhetorisches Können sehr wichtig, auch wenn es auf den ersten Blick nicht danach aussieht. Denn was deinen Gesprächspartner interessiert, sind die Informationen zwischen den Zeilen. Wichtig dabei ist, dass du nicht dein ganzes Privatleben offenlegst, sondern provokative Fragen geschickt umgehst, ohne unehrlich zu sein. Zu verschiedenen Themen könnten diese Fragen kommen:

<u>Belastbarkeit und Flexibilität</u>

- Wäre es Ihnen möglich, noch diesen Monat anzufangen?

- Haben Sie auch Alternativen, wenn Sie bei uns keinen Platz bekämen?
- Welchen unserer Standorte präferieren Sie?
- Zählen Sie Flexibilität zu Ihren Stärken?
- Haben Sie ein Beispiel dafür, dass Sie gut und schnell neue Dinge erlernen können?
- Haben Sie Probleme damit, Ihre Heimat zu verlassen und so weit weg zu ziehen?

Sozialkompetenz und Kritikfähigkeit

- Arbeiten Sie gerne mit anderen Menschen zusammen?
- Wie stehen Sie zu Teamarbeit?
- Unter welchen Umständen kann ein Team Ihrer Meinung nach ideal arbeiten?
- Wie reagieren Sie, wenn Sie am Arbeitsplatz weder von Kollegen noch vom Chef unterstützt werden?
- Können Sie uns bitte ein Beispiel nennen, wie Sie mit Kritik umgehen?
- Wie kritisieren Sie selbst andere Menschen?
- Was machen Sie, wenn Sie einem Konflikt mit einem Vorgesetzten ausgesetzt sind?
- Hätten Sie Probleme, auch mit schwierigen Kollegen zusammenzuarbeiten?

Privatleben

- Nennen Sie uns bitte Ihre Hobbys.
- Welche Bücher zählen momentan zu Ihren Favoriten?
- Sind Sie getrennt lebend oder liiert?
- Hat Ihr Partner Probleme mit einem eventuellen Umzug?
- Haben Sie ein Vorbild?

Stress- und Überraschungsfragen

Am besten zeigt sich, wie du in Stresssituationen reagierst, wenn du auf Stressfragen antworten musst. Diese können äußerst gemein und privat werden und zielen dabei auf bloße Konfrontation und Provokation ab. Lass dich davon nicht aus der Ruhe bringen und behalte immer im Auge, dass dein Gesprächspartner bei solchen Fragen absichtlich übertreibt. Behalte auch deine Mimik und Gestik immer unter Kontrolle und nimm dir Zeit, über solche Fragen nachzudenken. Letztendlich sitzen vor dir Menschen, die alle auch schon einmal in einer solchen Situation waren und genau wissen, wie du dich dabei fühlst.

Fangfragen zu Social Media

- In einem Handballvideo, das wir im Internet gefunden haben, foulen Sie einen Mitspieler, ohne dafür bestraft zu werden. Gehört diese Einstellung auch zu Ihrer Arbeitsweise?
- Auf Ihren Social-Media-Kanälen betonen Sie häufiger, dass Sie unmotiviert sind, zu arbeiten. Können wir auch in Zukunft bei uns mit dieser Einstellung rechnen?
- Sie sind auf Facebook einigen Gruppen beigetreten, darunter auch eine, die Frauen vereint, die keine Unterwäsche tragen. Meinen Sie nicht, dass das andere Kollegen aus dem Konzept bringen könnte?
- Welche Beiträge oder Kommentare sind von Ihnen auf sozialen Medien zu finden? Wir haben uns da mal ein bisschen umgeguckt und auch interessante Beiträge gefunden ...
- Ihr Profil zeigt nur Bilder aus Australien im letzten Jahr. Genau zu dieser Zeit weist auch Ihr Lebenslauf eine Lücke auf. Inwieweit korrelieren diese beiden Tatsachen und wie genau wollten Sie Ihr Leben damit weiterbringen?
- Geben uns die wilden Partyfotos auf sämtlichen Social-Media-Kanälen Ihrer Freunde Aufschluss über Ihre eher bescheidenen Noten in Ihrem Abschlusszeugnis?

Stressfragen

- Sie haben keinen Maßstab zur Hand, sollen aber ein Flugzeug vermessen. Wie gehen Sie vor?
- Mit welchem Tier identifizieren Sie sich?
- Welche Superkraft hätten Sie als Superheld?
- Ich möchte nun diesen Bleistift von Ihnen verkauft bekommen!
- Bewerten Sie mich als Interviewer bitte!

Überraschungsfragen

- Wenn wir Sie nun nehmen, was würden Sie als Erstes bei uns verändern?
- Ich empfinde Sie als zu ruhig für diesen Job.
- Wären die Aufgaben hier nicht eine Nummer zu groß für Sie?
- Was würden Sie tun, wenn Sie nicht mehr arbeiten müssten?
- Haben Sie sich auch in anderen Bundesländern beworben?
- Gibt es etwas, das Sie heute glücklich gemacht hat?

Du bist dran!

Zum Schluss eines Vorstellungsgesprächs hast du die Möglichkeit, Fragen zu stellen. Unterschätze diesen Teil des Gesprächs nicht, denn hier kannst du noch einmal beweisen, dass du dich gut auf das Unternehmen vorbereitet hast. Bereits geklärte Fragen sollten nicht erneut gestellt werden. Allerdings interessiert dich wohl auch, wie dein potenzieller neuer Arbeitsplatz aussieht und genau das kannst du erfragen. Wenn dein Gespräch souverän verläuft, beginnst du nicht erst am Ende mit deinen Fragen.

Wie es der Name bereits verrät, handelt es sich bei der Situation um ein Vorstellungsgespräch, das bedeutet, du darfst immer interagieren und auch Rückfragen stellen. Zeige deinem Gegenüber, dass du professionell in einen Dialog treten kannst, dabei aber immer das richtige Maß an Respekt triffst.

Ausgewählte Fragen zur Motivation/zum Unternehmen/zum beruflichen Werdegang

Fragen zum beruflichen Werdegang

Haben Sie sich noch bei anderen Firmen beworben?

Hintergrund: Wie ernst nimmt der Bewerber die Stellensuche? Ist der Bewerber motiviert, eine neue Stelle/eine Ausbildung/einen dualen Studienplatz zu finden? Wie intensiv sind seine Bemühungen um eine neue Stelle? Bewirbt er sich zielgerichtet bei einer gewissen Branche (klare Zielrichtung)?

Tipps für die Antwort: Aus Sicht des Unternehmens oder der Behörde ist es nachvollziehbar, Näheres über die Bewerbungsaktivitäten herausfinden zu wollen. Dahinter steht auch der Gedanke, dass der Arbeitgeber wissen möchte, welche Bedeutung dieses Assessment Center für den jeweiligen Kandidaten hat. Falls der Bewerber andere Unternehmen aus der jeweiligen Branche aufzählt, zeigt sich, dass er bereits eine klare Richtung vor Augen hat. Aus Bewerbersicht darf man auf diese Frage ehrlich antworten; ein aktives Bemühen um eine Stelle ist nachvollziehbar und wird positiv bewertet. In der Praxis reicht es jedoch aus, zu sagen, in welchen Branchen du dich beworben hast. Die konkrete Anzahl der laufenden Bewerbungsverfahren brauchst du nicht zu nennen, genauso wenig die Namen der Unternehmen, bei denen du dich beworben hast.

Welches Studienfach/welcher Beruf hätte Sie sonst noch interessiert?

Hintergrund: Welche beruflichen Interessen haben die Bewerber? Hat sich der Kandidat mit der Berufswahl auseinandergesetzt?

Tipps für die Antwort: Wer bei dieser Frage Zweifel an seiner Berufswahl durchblicken lässt, disqualifiziert sich selbst. Vielmehr musst du deiner Berufswahl positiv gegenüberstehen. Jedoch darf eine plausible Alternative genannt werden. Auf diese Frage hin darfst du einen artverwandten Beruf nennen, den du dir auch hättest vorstellen können. Bewirbst du dich etwa um eine Position als Assistent im Marketing, kannst du bei dieser Frage antworten, dass dich auch eine Stelle als Referent für Öffentlichkeitsarbeit interessieren würde. Sollte diese Frage bei einem Vorstellungsgespräch eines Grundschullehrers auftreten, kann dieser antworten, dass er sich auch für eine Tätigkeit als Sozialpädagoge interessiert. Hier ist es demnach ratsam, einen artverwandten Beruf zu nennen. Dies ist ein Zeichen von Aufgeschlossenheit und Neugierde und wird daher positiv gewertet. Überlege dir somit bereits im Voraus, welche artverwandten Berufe es in deinem Fall gibt. Diese kannst du bei dieser Frage aufführen. Zugleich solltest du jedoch durchblicken lassen, dass du dich bewusst für diese Stelle beworben hast: „Ich denke, dass ich meine persönlichen Eigenschaften wie ... hier besser einsetzen kann, da ..."

Was ist Ihnen wichtig im Umgang mit Kollegen und Vorgesetzten?

Hintergrund: Der künftige Arbeitgeber erhofft sich mit dieser Frage einen näheren Blick auf die Persönlichkeit der Bewerber. Überlege dir, welche Eigenschaften du an Kollegen und Vorgesetzten schätzt und wie du behandelt werden möchtest. Falls du bereits in der Vergangenheit beruflich tätig warst, darfst du dich bei dieser Frage keinesfalls negativ über ehemalige Vorgesetzte oder Kollegen äußern. Dies ist ein absolutes No-Go.

Für eine Antwort bieten sich die folgenden Ansätze an:

- Unabhängig von persönlichen Interessen ist es wichtig, dass man auf sachlicher Ebene miteinander auskommt.
- Ein funktionierender Informationsaustausch zwischen Kollegen ist wichtig.
- Jeder darf Vorschläge einbringen und sich zu aktuellen Projekten etc. konstruktiv äußern.
- Fairness und Loyalität sind Voraussetzungen für eine gute Zusammenarbeit.

Wie lange wollen Sie bei uns bleiben?

Hintergrund: Falls man sich nicht auf kritische Fragen im Interview vorbereitet hat, kann diese Frage durchaus überraschend sein. Als Arbeitgeber möchte man wissen, ob der Kandidat es ernst meint mit der Zukunft im jeweiligen Unternehmen. Seitens des künftigen Arbeitgebers besteht die Befürchtung, dass der Kandidat die Stelle lediglich als Sprungbrett ansieht, bis sich für ihn eine (noch) bessere Chance ergeben hat.

Je nach ausgeschriebener Stelle ergeben sich bei dieser Frage verschiedene mögliche Antworten: Falls eine dauerhafte, langjährige Position in Aussicht gestellt wird, solltest du betonen, dass du an einer dauerhaften Anstellung im jeweiligen Unternehmen interessiert bist. Da dieses Unternehmen eine für dich interessante Beschäftigung bietet, gibt es für dich keinen Grund, den Arbeitgeber zu wechseln.

Falls dir eine Stelle mit Zeitvertrag angeboten wird, kannst du bei deiner Antwort betonen, dass du diese Stelle als eine Chance ansiehst, um dich weiterzuentwickeln und anschließend in einer besseren Ausgangslage für künftige Bewerbungsverfahren zu sein.

Falls du dir nicht sicher bist, ob man dir am Ende einen Zeitvertrag, oder eine dauerhafte Anstellung anbieten wird, kannst du zum Beispiel wie folgt antworten: *Ich suche nach einer Daueranstellung. Wenn Sie mir jedoch nur einen Zeitvertrag anbieten können, so würde ich auch dies akzeptieren, da ich wirklich sehr gerne bei Ihnen arbeiten möchte.* Wichtig dabei ist, dass du dir bei deiner Antwort möglichst viele Optionen offenhältst.

Fragen zum Unternehmen und der Stelle

Was wissen Sie über unser Unternehmen?

Hintergrund: Wie intensiv hat sich der Bewerber mit unserem Unternehmen beschäftigt? Zeigt der Kandidat Interesse an unserer Firma?

Antwort: Bei dieser Frage wird erwartet, dass sich der Kandidat vor dem Interview über das Unternehmen informiert hat. Zum Basiswissen zählen:

- Branche
- Höhe des Umsatzes
- Name des Vorstandsvorsitzenden
- Produktpalette/Dienstleistungen

Erweitertes Wissen:

- aktuelle Entwicklungen in der jeweiligen Branche
- Herausforderungen in der Zukunft
- Wie reagiert das Unternehmen auf künftige Herausforderungen?

Wie gehen Sie an die neuen Aufgaben in unserem Unternehmen heran?

Hintergrund: Wie lange dauert es, bis der Bewerber als künftiger Mitarbeiter zum (finanziellen) Erfolg des Unternehmens betragen kann? Hat der Bewerber konkrete Vorstellungen davon, wie er den neuen Aufgabenbereich in den Griff bekommen kann?

In deiner Antwort solltest du zunächst darauf hinweisen, dass du die Einarbeitungszeit nutzen möchtest, um dir einen groben Überblick zu verschaffen. Du wirst diese Zeit dafür verwenden, alle Informationen zu erfragen, die du benötigst, um in deinem Arbeitsbereich Fortschritte zu erzielen. Weise auch darauf hin, dass du dabei die Hilfe von anderen annehmen wirst und Kollegen miteinbeziehen möchtest.

Fragen zur Motivation

Worauf legen Sie mehr Wert: Zufriedenheit im Beruf oder berufliches Fortkommen?

Hintergrund: Bei dieser Frage sollen Ehrgeiz und die Arbeitsmotivation geprüft werden. Der Wunsch des Arbeitgebers ist es, dass sich der Mitarbeiter mit der angestrebten beruflichen Tätigkeit identifiziert. Obwohl die Frage den Anschein erweckt, musst du dich hier nicht zwischen zwei Alternativen entscheiden: Zufriedenheit ist eine Grundvoraussetzung für ein erfülltes Berufsleben. Berufliches Fortkommen ist der Lohn für den Arbeitseinsatz und trägt zur Zufriedenheit bei.

Antwort: Als Bewerber darfst du dich bei dieser oder ähnlichen Fragen nicht auf eine oder andere Seite festlegen. In deiner Antwort solltest du vielmehr ausführen, dass du zufrieden bist, wenn du dich beruflich weiterentwickeln kannst und dich daher für berufliches Weiterkommen engagieren willst.

Was sind die für Sie wichtigsten Eigenschaften im Berufsleben? Worauf legen Sie persönlich besonderen Wert?

Hintergrund: Bei dieser Frage interessieren den künftigen Arbeitgeber die inneren Werte des Bewerbers. Die Antwort soll Rückschlüsse auf künftiges Verhalten am Arbeitsplatz ermöglichen.

Die Frage, die hinter dieser Frage steckt, ist Folgende: *Entspricht die Arbeitseinstellung des Kandidaten den Anforderungen, die an die jeweilige Position gestellt werden?* Überlege dir im Voraus, welche Eigenschaften für die ausgeschriebene Stelle von Vorteil sind!

In deiner Antwort kannst du zum Beispiel drei von diesen Werten nennen: Loyalität, Zuverlässigkeit, gesunde Streitkultur, hohe Arbeitsmoral, Vertrauen, Selbstdisziplin, Teamgeist.

8.2 Das strukturierte Interview

Viele Personaler in Unternehmen arbeiten gerne mit dem strukturierten Interview beziehungsweise Multimodalen Interview (MMI) nach Heinz Schuler. Dies ist ein Verfahren zur Personalauswahl. Es ist ein gutes Mittel, um ein Vorstellungsgespräch so zu gestalten, dass man am Ende auch tatsächlich den am besten geeigneten Kandidaten findet. Dies wird dadurch ermöglicht, dass das Verhalten des Bewerbers in den einzelnen Gesprächsabschnitten mit Punkten bewertet wird. Im Voraus werden Kriterien festgelegt, die anhand einer Punkteskala von eins bis fünf bewertet werden. So hat man zum Beispiel im Gesprächsabschnitt „Selbstvorstellung des Bewerbers" das Kriterium „Ausdrucksweise". Ein Bewerber, der mit eloquenter Wortwahl seinen bisherigen Lebensweg kurz zusammenfassen kann, erhält hier fünf Punkte. Der Bewerber, der am Ende die meisten Punkte in allen Bereichen hat, bekommt die Zusage. Dadurch wird das Auswahlverfahren objektiver. Das Gespräch gliedert sich dabei in folgende acht Gesprächsabschnitte:

Abschnitt 1: Gesprächsbeginn
Die gute Nachricht vorneweg: In dieser Phase findet keine Bewertung statt. Dieser Abschnitt läuft ab dem Zeitpunkt, in dem du den Raum betrittst. Zunächst werden dich die Interviewpartner begrüßen und dir ein paar einleitende Fragen stellen. Das Ziel in diesem Abschnitt ist es, eine angenehme Situation zu schaffen. Möglicherweise bietet man dir ein Glas Wasser an oder fragt dich, ob du eine angenehme Anreise hattest.

Der Gesprächsbeginn ist geprägt von deinem ersten Eindruck, den du bei deinem Gegenüber erzeugst. Überlege dir daher rechtzeitig, welche Eigenschaften du bereits mit deinem Äußeren darstellen möchtest:

- Kleidungsstil: konservativ-zurückhaltend, keine starten Kontraste
- Farbe deiner Kleidung: Blau wirkt beruhigend.
- frischer Haarschnitt
- von Beginn an Blickkontakt
- freundlich-offener Gesichtsausdruck

Plane bei Deiner Anreise ruhig 30 Minuten mehr mit ein, melde dich im Vorzimmer/bei der Information nicht früher als zehn Minuten vor Beginn des Termins. Zu Beginn des Gesprächs bedankst du dich für die Einladung zu einem persönlichen Gespräch.

Abschnitt 2: Selbstvorstellung des Bewerbers
Nachdem man sich vorgestellt hat und die Formalitäten geklärt sind, wird man dich wahrscheinlich auffordern, etwas über dich zu erzählen. Du hast nun die Möglichkeit, dich kurz vorzustellen. Du startest mit einigen persönlichen Daten, die auch deinem Lebenslauf zu entnehmen sind und erzählst daraufhin etwas über deine schulische beziehungsweise berufliche Laufbahn, insofern du schon eine Ausbildung gemacht hast und über Berufserfahrung verfügst. Deine Interviewpartner lassen dir in diesem Gesprächsabschnitt freies Spiel. Du selbst musst aufpassen, nicht zu viel über dein Privatleben zu erzählen, sondern deinem Gegenüber prägnante Informationen zu geben, die deine Persönlichkeit ausmachen und für die zu besetzende Stelle von Relevanz sind.

In diesem Gesprächsabschnitt werden deine kommunikativen Fähigkeiten auf die Probe gestellt. Bei Erzählfragen darfst du ruhig etwas ausführlicher werden und solltest einige Minuten über dich und deine Person reden können (Fünf-Minuten-Regel):

- Übe deine Selbstvorstellung zu Hause.
- Gliedere deine Selbstvorstellung folgendermaßen:
  1. Daten aus dem Lebenslauf
  2. Ausführliche Darstellung des schulischen und gegebenenfalls beruflichen Werdegangs
  3. Gründe, weshalb du dich bei der Behörde beworben hast

Abschnitt 3: Freies Gespräch
In diesem Gesprächsabschnitt stellt dir der Interviewer Fragen, die sich aus deiner soeben erfolgten Selbstvorstellung sowie deinen Bewerbungsunterlagen ergeben. Indem du gerade ein paar Minuten über dich erzählt hast, lieferst du den Interviewpartnern einige Informationen, die sie nun verwenden können, um dir Fragen zu stellen. Konkret sieht dies so aus, dass sie ein paar Punkte, die du soeben noch in deiner Selbstvorstellung aufgeführt hast, aufgreifen und dazu Fragen stellen.

Folgende **zwei Haupt-Fragen** können sich im Vorstellungsgespräch ergeben, aus denen sich alle anderen Fragen ableiten:

- „Warum haben Sie sich bei uns beworben?“
- „Warum sollten wir uns für Sie entscheiden?“

Nachfolgend listen wir **die zwölf wichtigsten Fragen** auf, für die du Antworten vorbereiten solltest. Sei dir bewusst, dass deine Antworten hinterfragt werden können und stelle dich auf Nach- und Konkretisierungsfragen ein:

- „Erzählen Sie uns bitte etwas über sich.“
- „Warum denken Sie, dass Sie für die Ausbildung geeignet sind?“
- „Warum bewerben Sie sich bei unserer Firma?“
- „Wie kamen Sie auf die Idee, sich in dieser Branche zu bewerben?“
- „Was erhoffen Sie sich von der Ausbildung und Ihrer künftigen Tätigkeit in unserem Haus?“
- „Wo sehen Sie sich in fünf Jahren?“
- „Was sind Ihre Stärken und Schwächen?“
- „Erzählen Sie uns bitte etwas über Ihren bisher größten schulischen oder beruflichen Erfolg!“
- „Was erwarten Sie von Ihren künftigen Kolleginnen und Kollegen?“
- „Wie stehen Sie zu Teamarbeit?“
- „Welche Fragen haben Sie an uns?“
- „Können Sie sich vorstellen, künftig auch Führungsaufgaben zu übernehmen?“

Abschnitt 4: Organisationswahl

Hier möchte dein Gesprächspartner mehr über deine Motivation und deine persönlichen Erwartungen an das Unternehmen herausfinden. Warum hast du dich ausgerechnet bei dieser Firma beworben? Wie bist du auf die ausgeschriebene Stelle aufmerksam geworden? Was hat dich dazu bewogen, dich in dieser Branche zu bewerben? Hast du einen persönlichen Bezug zum Unternehmen?

Für Unternehmen ist es interessant zu wissen, weshalb sich ein Bewerber ausgerechnet bei ihnen beworben hat. Wir raten dir, dass du dich vor dem Vorstellungsgespräch auf der Homepage über die wichtigsten Unternehmensdaten informierst und recherchierst, womit diese Firma

Mitarbeiter anwirbt. Möglicherweise gibt es im Haus eine bestimmte Personalkultur, die gelebt wird? Was unterscheidet diese Firma von anderen? Finde es durch Recherche heraus und nenne diese Alleinstellungsmerkmale an dieser Stelle in deinem Vorstellungsgespräch.

Abschnitt 5: Biografische Fragen
Dein Gesprächspartner hat sich bereits im Voraus deinen Lebenslauf genauer angesehen und wird dir jetzt einige Fragen zu den einzelnen Stationen stellen. Falls du noch Schüler bist und direkt nach deiner Schulzeit eine Ausbildung anstrebst, ist dein Lebenslauf noch überschaubar. Hier können höchstens Fragen zu deinen schulischen Leistungen gestellt werden. Anders sieht es aus, wenn du bereits studiert hast oder eine Ausbildung in einem anderen Bereich absolviert hast und schon Berufserfahrung gesammelt hast. An dieser Stelle ein Tipp: Kenne deinen Lebenslauf besser als dein Gegenüber! Stelle dich darauf ein, dass Fragen zu den einzelnen Stationen kommen werden und überlege dir im Vorfeld geeignete Antworten.

Biografische Fragen fordern dich dazu auf, dein Verhalten in bestimmten Situationen in der Vergangenheit zu erläutern. Dahinter steckt der Gedanke, dass man aus dem Verhalten in der Vergangenheit Schlüsse auf mögliches Verhalten in künftigen, ähnlichen Situationen ziehen kann. Es geht darum, herauszufinden, wie du in gewissen Situationen im künftigen beruflichen Alltag reagierst und ob du tatsächlich für die Anforderungen geeignet bist. Hier eine beispielhafte biografische Frage: „Wie haben Sie in der Vergangenheit in der Schule oder im Beruf dazu beigetragen, dass Gruppenarbeiten erfolgreich durchgeführt werden konnten?" Mit anderen Worten: „Welche persönlichen Eigenschaften bringst du mit, die besonders wertvoll für die Arbeit in Teams sind?

Abschnitt 6: Realistische Tätigkeitsinformation
In diesem Gesprächsabschnitt erfährst du alle relevanten Informationen rund um die zu besetzende Stelle. In welchem Sachgebiet oder Team wirst du später tätig sein? Wie gestalten sich die Praktikumsphasen während der Ausbildung? Wie sieht der künftige Arbeitsalltag aus?

Du hast nun die Möglichkeit, Fragen zur Ausbildung zu stellen, die dir wichtig erscheinen. Wenn du hier die richtigen Fragen stellst, kannst du vieles in Erfahrung bringen. Stelle hier bitte keine Fragen zu Urlaub, Arbeitszeiten oder der Mittagspause, da ansonsten Zweifel an deiner Motivation aufkommen könnten. Dieser Abschnitt bietet dir die Chance, die wichtigste Frage von allen zu beantworten: Passt die zu besetzende Stelle zu mir?

Abschnitt 7: Situative Fragen

Die allermeisten Bewerber bereiten die typischen Fragen zu ihren Stärken und Schwächen vorab vor, was bedeutet, dass die Interviewführer nur vorgefertigte Antworten erhalten. Da jedoch ein großes Interesse an der persönlichen Einstellung, der Motivation und den Zielen des Bewerbers besteht, wird oftmals anhand von weitergehenden Fragen die Eignung des Kandidaten überprüft. Du solltest dir vorab überlegen, was dir wirklich wichtig ist. Fragen zu folgenden Themen können hier kommen:

- Motivation
- Selbstreflexion
- Stressfragen
- persönliche Entwicklung

In diesem Gesprächsabschnitt schildert man dir außerdem gern eine fiktive Problemsituation aus deinem künftigen Arbeitsalltag. Man erwartet von dir, dass du innerhalb kurzer Zeit eine passende Lösung für dieses Problem findest. Meist schildert man dir eine Situation, in der es zwischenmenschliche Probleme gibt und du als dritte Partei in diesem Streit eine Lösung finden musst. Meistens geht es bei diesen Fragen nur zweitrangig um deinen Lösungsvorschlag, sondern vielmehr darum, herauszufinden, wie du in Stresssituationen reagierst. Lass dich von situativen Fragen nicht aus der Ruhe bringen, sondern höre aufmerksam zu und nimm dir für die Beantwortung der Fragen die nötige Zeit. Wenn du Zeit zum Überlegen brauchst, kannst du eine Rückfrage stellen und den Interviewpartner bitten, einen bestimmten Sachverhalt der situativen Frage genauer zu erläutern. Damit gewinnst du mehr Zeit, um zu überlegen.

Es ist sehr schwer, sich effektiv auf diesen Gesprächsteil vorzubereiten, da es unendlich viele Situationen gibt, die dir hier begegnen können. Hier ein Beispiel:

Interviewpartner:	Okay, Herr Meier, ich schildere Ihnen nun eine Situation aus Ihrem künftigen Arbeitsalltag. Ich möchte von Ihnen, dass Sie mir anschließend sagen, wie Sie in dieser Situation reagieren würden. Sind Sie bereit?
Herr Meier:	Ja, ich bin bereit.
Interviewpartner:	Gut! Nun stellen Sie sich Folgendes vor: Sie sind stellvertretender Sachgebietsleiter im Bauamt. Die Sachbearbeiterin Frau Müller bringt regelmäßig ihren Hund mit ins Büro, obwohl dies gemäß einer Dienstanweisung in der gesamten Behörde untersagt ist. Von den anderen Kollegen wird dieses Verhalten geduldet, obwohl sie sich davon gestört fühlen. Um das angenehme Klima im Sachgebiet nicht zu stören, sprach Frau Müller bislang niemand auf dieses Verhalten an. Als stellvertretender Sachgebietsleiter haben Sie jedoch eine Vorbildfunktion und sind dafür verantwortlich, rechtmäßige Zustände herzustellen. Vergessen Sie nicht, dass der Hund die anderen Kollegen bei der Arbeit stört. Wie würden Sie hier reagieren?

Du wirst feststellen, dass es in diesen Situationen kein einfaches „Richtig“ oder „Falsch“ gibt. In diesem Beispiel ist es jedoch sicherlich von Vorteil, wenn du in deiner Antwort ausführst, dass dir als stellvertretendem Sachgebietsleiter sowohl das gesunde Klima im Team sowie auch die Leistungsfähigkeit dieses Teams wichtig ist. Am Ende muss eine rechtmäßige Sachbearbeitung gewährleistet sein. Die Anträge von Bürgern müssen schnell und richtig bearbeitet werden. Demnach ist es richtig, Frau Müller in höflicher Form auf die Dienstanweisung aufmerksam zu machen. Man muss klarstellen, dass sich die Anwesenheit des Hundes negativ auf die Arbeitsleistung der Kollegen auswirkt. Dies wiederum wirkt sich unter Umständen negativ auf die Tätigkeit von Frau Müller aus, da sie als Teammitglied auf die Arbeitsleistung ihrer Kollegen angewiesen ist.

Egal, wie die situative Frage aufgebaut ist, deine Lösung sollte dabei immer Folgendes beinhalten:

- Schilderung der Problemsituation
- eigener Lösungsvorschlag, der für alle Beteiligten das Beste ist (Win-Win-Situation)
    - Hier wird argumentiert, dass es langfristig auch für Frau Müller das Beste ist, wenn sie sich an die Dienstanweisung hält, da auch sie an guten Arbeitsergebnissen interessiert ist.

Dein Lösungsvorschlag darf nicht zu radikal sein beziehungsweise er sollte an die Vernunft aller Beteiligten appellieren.

Abschnitt 8: Gesprächsabschluss
Nutze den Gesprächsabschluss noch einmal dazu, deine Stärken hervorzuheben. Bedanke dich für die Einladung. Sollte es noch offene Fragen geben, so werden sie in diesem abschließenden Gesprächsabschnitt geklärt. Ansonsten verabschieden sich die Parteien voneinander und klären das weitere Vorgehen ab.

Es gibt keine Garantie, dass das Unternehmen, das dich zum Vorstellungsgespräch eingeladen hat, nach diesem Muster verfährt. Dennoch empfehlen wir dir in jedem Falle, dich auf ein solches Gespräch vorzubereiten, da viele Unternehmen danach verfahren.

8.3 Strategien und Techniken im strukturierten Interview

Es gibt einige grundsätzliche Regeln für dein Verhalten im strukturierten Interview. Generell gilt, dass du die Gesprächsführung defensiv gestalten solltest. Dies bedeutet, dass du nicht versuchen solltest, mit Gegenfragen zu kontern. Die zwölf im vorherigen Unterkapitel 8.2 aufgelisteten Aussagen zählen zu den am häufigsten gestellten Fragen in einem Vorstellungsgespräch. Du solltest dir schon einige Zeit vor dem Gespräch Gedanken darüber machen, wie du darauf antworten möchtest und dich gezielt darauf vorbereiten.

Überlege dir Antworten auf diese Fragen und sei dir schon vorab bewusst, dass Nach- und Konkretisierungsfragen gestellt werden können. Wenn man dich nach deinen Stärken und Schwächen fragt, ist es von Vorteil, wenn du hinsichtlich deiner Stärken persönliche Eigenschaften nennst, die von großer Bedeutung im Berufsleben sind. Hierzu zählen Ehrgeiz, Zielstrebigkeit, oder Beharrlichkeit. Wenn du auch Schwächen aufzählen sollst, kannst du gerne harmlose, private Schwächen nennen, die sich nicht auf eine berufliche Tätigkeit auswirken. Falls du gefragt wirst, womit du unzufrieden bist, erwähnst du am besten private Umstände. Deine privaten Verhältnisse dürfen jedoch keine Auswirkung auf die angestrebte berufliche Tätigkeit haben. Sollte man dich direkt auf berufliche Schwächen ansprechen, darfst du offensichtliche Schwächen nennen, die sich aus deinem Lebenslauf ergeben. Als junger Bewerber kann man hier etwa die mangelnde Berufserfahrung nennen.

Das Vorstellungsgespräch ist für dich als Bewerber auch deshalb eine Chance, weil du hier vieles über deine künftige Ausbildung und deinen Arbeitgeber erfährst. Der Interviewpartner wird dir vieles erzählen und dabei darfst du ihn gerne unterstützen. Lass ihn ruhig erzählen und falle ihm keinesfalls ins Wort. Durch die Techniken des aktiven Zuhörens kannst du deinen Gesprächspartner darin bestätigen, seinen Vortrag fortzuführen. Die bekanntesten Techniken sind bestätigendes Nicken, Blickkontakt, kurze Zwischenbemerkungen wie „ich verstehe" oder auch verbale Signale wie „mhm", „aha", „okay" oder „ja".

Sollst du im Interview etwas über dich erzählen, kannst du nach dem **K-B-A-Prinzip** vorgehen:

- **K = Kommunikationsziel**: Dein Ziel ist es, den Interviewpartnern eine kompakte Selbstvorstellung deiner Person zu präsentieren. In zwei bis fünf Minuten sollten deine Gesprächspartner alle wichtigen Informationen über deine Person sowie deinen schulischen und beruflichen Werdegang kennen.
- **B = Botschaften**: Mit deiner Selbstvorstellung vermittelst du die Botschaft: Ich bin der geeignete Kandidat.
- **A = Argumente**: Um deine Botschaft zu vermitteln, musst Du argumentieren. Deine Argumente sind dein persönlicher Lebensweg, den du hier vorstellst. Bei deiner Selbstpräsentation kannst

du dich an folgenden Schritten orientieren: Zunächst nennst du einige Stammdaten aus deinem Lebenslauf, anschließend erläuterst du deine schulische Laufbahn sowie gegebenenfalls deine bisherige berufliche Laufbahn, abschließend nennst du persönliche Eigenschaften:

1. Stammdaten: Name, Geburtsort, -datum, -ort
2. Schulische Laufbahn
3. Berufliche Laufbahn
4. Persönliche Eigenschaften (Bezug nehmen auf die Stellenausschreibung): Oftmals nennen Behörden in der Ausschreibung zu Ausbildungs- und Studienplätzen gewisse persönliche Eigenschaften, die der geeignete Kandidat mitbringen sollte. Lies dir daher zur Vorbereitung nochmals die Stellenausschreibung durch.

Wirst du gefragt, was dir wichtig ist im Leben, solltest du in deiner Antwort auf die angestrebte berufliche Tätigkeit Bezug nehmen. Eine mögliche Antwort ist: „Ich möchte Führungsaufgaben wahrnehmen."

Folgende Tipps können dir im Umgang mit schwierigen oder unangenehmen Fragen helfen:

- Bitte den Interviewer darum, die Frage zu wiederholen, wenn du sie nicht zu 100 Prozent verstehst oder du dir unsicher bist.
- Wiederhole die Frage selbst und gib dem Interviewer damit die Möglichkeit, sich zu korrigieren.
- Schreibe dir zu Hause eine Liste mit „Angstfragen" und überlege dir Antworten darauf.

Viele Interviewfragen sind vorhersehbar. Lies dir am Tag vor dem Vorstellungsgespräch deinen Lebenslauf sowie dein Anschreiben nochmals durch. Oftmals wird im persönlichen Interview Bezug auf Angaben in Anschreiben und Lebenslauf genommen.

8.4 Fragen zum Interview

Im Folgenden werden dir Fragen zu den Inhalten dieser Lektion gestellt. Zu jeder Frage werden vier Antwortmöglichkeiten angegeben. Wähle die richtige Antwort aus. Es können mehrere Antworten korrekt sein.

Zeit: **15 Minuten**

1. Welcher der folgenden ist kein Gesprächsabschnitt im strukturierten Interview?
a) Selbstvorstellung des Bewerbers
b) Organisationswahl
c) Ergebnispräsentation
d) situative Fragen

2. Auf welchen Gesprächsabschnitt im Multimodalen Interview weisen Sätze wie „Erzählen Sie doch bitte etwas über sich!“ oder „Wir möchten Sie gerne näher kennenlernen!“ hin?
a) Organisationswahl
b) Selbstvorstellung des Bewerbers
c) freies Gespräch
d) Gesprächsbeginn

3. Welche der folgenden Aussagen trifft auf das strukturierte Interview zu?
a) Da der Gesprächsabschnitt nicht in die Bewertung mit einfließt, reicht es aus, sich höflich zu verabschieden.
b) Biografische Fragen fordern dich dazu auf, dein Verhalten in bestimmten Situationen in der Vergangenheit zu erläutern.
c) Bei den situativen Fragen möchte der Arbeitgeber erfahren, weshalb du dich in diesem Unternehmen beworben hast.
d) Im ersten Gesprächsabschnitt, dem „Gesprächsbeginn“, findet keine Bewertung statt.

4. Was interessiert den Arbeitgeber bei den Fragen zur Organisationswahl?
a) Motivation für die Bewerbung
b) künftiger Umgang mit Vorgesetzten und Kollegen
c) Verhalten in kritischen Situationen
d) Kennenlernen der Person des Bewerbers

5. In welchem Gesprächsabschnitt des strukturierten Interviews könnte dir die Frage „Wie haben Sie in der Vergangenheit in der Schule oder im Beruf dazu beigetragen, dass Gruppenarbeiten erfolgreich geführt werden konnten?“ begegnen?
a) biografische Fragen
b) realistische Tätigkeitsinformation
c) situative Fragen
d) Gesprächseinstieg

6. Im Gesprächsabschnitt „Situative Fragen“ wird dir vom Interviewpartner eine Problemsituation (oftmals zwischenmenschlicher Natur) geschildert. Anschließend sollst du eine Vorgehensweise vorschlagen, um das Problem zu lösen. Wie kann eine sinnvolle Antwort aussehen?
a) Lösungsvorschlag aufzeigen, der für alle Beteiligten eine Verbesserung darstellt
b) langfristige Entwicklung in Aussicht stellen
c) Problemsituation wiederholen/zusammenfassen
d) versuchen, die Ursache für das problematische Verhalten herauszufinden

7. Wie solltest du Fragen zu Stärken und Schwächen beantworten?
a) Bei Stärken nennst du persönliche Eigenschaften, die von Vorteil im Berufsleben sind, wie Ehrgeiz, Zielstrebigkeit, Beharrlichkeit.
b) Bei Schwächen nennst du harmlose private Schwächen.
c) Sollte man dich nach Schwächen fragen, gibst du an, dass du keine Schwächen hast.
d) Bei Stärken nennst du insbesondere private Stärken.

8. Wie reagierst du am besten auf eine Frage wie „Womit sind Sie unzufrieden?“?
a) Nenne harmlose private Umstände, mit denen du unzufrieden bist.
b) Nenne berufliche Umstände, eventuell bezogen auf deinen vorherigen Arbeitgeber, mit denen du unzufrieden warst.
c) Nenne ehemalige Kolleginnen und Kollegen, mit denen du unzufrieden warst.
d) Die privaten Verhältnisse, mit denen du unzufrieden bist, dürfen keine Auswirkung auf die angestrebte berufliche Tätigkeit haben.

9. Wie solltest du kritischen Fragen, wie der Frage nach den Stärken und Schwächen begegnen?
a) Nenne offensichtliche Schwächen, wie die mangelnde Berufserfahrung bei einem Berufseinsteiger, die sich bereits aus dem Lebenslauf ergibt.
b) Bei den Stärken nennst du persönliche Eigenschaften, die für den Erfolg im Berufsleben von Relevanz sind, wie zum Beispiel Ehrgeiz und Zielstrebigkeit.
c) Bei Schwächen nennst du harmlose private Schwächen, die möglichst keinen Bezug zu der angestrebten Tätigkeit aufweisen.
d) Bei den Stärken beziehst du dich auf Aspekte aus dem Privatleben.

10. Wie kann man aktives Zuhören im strukturierten Interview einsetzen?
a) Blickkontakt zum Gegenüber
b) bestätigendes Nicken
c) Zwischenbemerkungen, wie zum Beispiel „ich verstehe“
d) verbale Signale, wie zum Beispiel „okay“

11. Da man die Aufforderung „Erzählen Sie doch bitte etwas über sich!“ häufig zum Beginn des strukturierten Interviews findet, sollte man sich darauf vorbereiten. Welche Inhalte sollte deine Antwort auf diese Frage haben?
a) Daten aus dem Lebenslauf
b) persönliche Eigenschaften, die für die Ausbildung von Relevanz sind
c) schulische Laufbahn
d) berufliche Laufbahn

12. Was ist bei der Frage „Was ist Ihnen wichtig im Leben?“ zu beachten?
a) Bezugnahme auf angestrebte berufliche Tätigkeit
b) Bezugnahme auf private Ziele
c) Bezugnahme auf berufliche Ziele
d) Bezugnahme auf Hobbys

13. Was ist im Umgang mit schwierigen oder unangenehmen Fragen zu beachten?
a) gegebenenfalls der Interviewer darum bitten, die Frage zu wiederholen, falls du diese nicht verstanden hast
b) die Frage selbständig wiederholen und damit dem Interviewer die Möglichkeit geben, sich selbst zu verbessern
c) in jedem Fall es sich nicht anmerken lassen, dass die Frage nicht verstanden wurde
d) durch Rückfragen, wie zum Beispiel „Was verstehen Sie unter ...?“ mehr Zeit zum Nachdenken erlangen

14. In wie viele Gesprächsphasen unterteilen wir das strukturierte Interview?
a) 5
b) 8
c) 4
d) 10

Lösungen

1. c)	6. a), b), c), d)	11. a), b), c), d)
2. b), c)	7. a), b)	12. a), c)
3. b), d)	8. a), d)	13. a), b), d)
4. a), d)	9. a), b), c)	14. b)
5. a)	10. a), b), c), d)	

9. Online Assessment

Kognitive Leistungstests umfassen verschiedene Aufgaben, wie wir sie häufig in Einstellungstests sehen. Darunter fallen Übungen zu logisch-schlussfolgerndem Denken wie Zahlen- oder Buchstabenreihen sowie Übungen zur Sprache wie Grammatik- und Rechtschreibaufgaben.

9.1 Einführung in kognitive Leistungstests

Kognitive Leistungstests finden meist in schriftlicher Form oder alternativ am PC statt. Ein wesentlicher Aspekt dieser Auswahltests ist die Zeitvorgabe. Unabhängig davon, ob der Test schriftlich oder online stattfindet, gibt es für die Bearbeitung eines Aufgabenblocks oder eines Testteils eine vorgegebene Zeit. Manchmal ist die Zeit in diesen Tests bewusst knapp bemessen, sodass sich die Kandidaten unter Druck gesetzt fühlen. Bei schriftlichen Tests werden die Teilnehmer durch die Prüfer darüber informiert, dass die Bearbeitungszeit endet. Bei Online-Tests endet die Bearbeitungszeit automatisch. Es gibt verschiedene Möglichkeiten, wie kognitive Leistungstests in das Einstellungsverfahren einfließen können:

- Der Test findet vorab online statt. Die Kandidaten erhalten bereits einige Tage zuvor einen Online-Zugang zu einem Portal, in dem sie sich anmelden und darin eine Reihe von Fragen bearbeiten.
- Der Test findet am Tag des Assessment Center statt (z. B. vor den anderen Stationen des AC).
- Der Test findet gesondert an einem Tag statt. Die Bewerber werden hierfür in das Unternehmen eingeladen. Meist ist dies der Fall bei umfangreicheren Leistungstests, die sich über mehrere Stunden erstrecken.

Die Aufgaben in kognitiven Leistungstests unterscheiden wir in folgende Kategorien:

- Logiktests
- Konzentrationstests
- Wissenstests
- Sprachtests

Tipps zum Zeitmanagement

Falls dein Test länger als fünf Minuten dauert, lohnt es sich, kurz zu überschlagen, wieviel Minuten pro Aufgabe zur Verfügung stehen. Du solltest dich nicht zu lange an einer Frage aufhalten, die dir Probleme bereitet. Markiere diese Frage, und komme zum Ende der Bearbeitungszeit noch einmal zu dieser Frage zurück, falls die Bearbeitungszeit ausreicht. Während des Tests wird es immer wieder eine Reihe von Aufgaben geben, die du schnell bearbeiten und lösen kannst, während dir einzelne Aufgaben Probleme bereiten. Das Ziel dieses Zeitmanagements ist es, dass du für jede Aufgabe kurz Zeit hast, um dich hineinzudenken. Falls du schnell einen Lösungsansatz findest, bearbeitest du die Aufgabe. Falls dir die Aufgabe Schwierigkeiten bereitet, gehst du zur nächsten Frage weiter und markierst diese Aufgabe, sodass du sie gegen Ende des Tests erneut finden kannst. Falls für deinen Test weniger als fünf Minuten Bearbeitungszeit zur Verfügung stehen, lohnt es sich nicht, die für jede Frage zur Verfügung stehende Zeit zu kalkulieren. Hier empfiehlt es sich vielmehr, sofort loszulegen.

Lückenlose Bearbeitung

Achte bei Multiple-Choice-Aufgaben darauf, dass du zumindest bei jeder Frage ein Kreuzchen bei einer möglichen Antwort gesetzt hast. Die Gefahr durch Minuspunkte bei falscher Lösung ist sehr gering, daher ist es bei nicht ausreichender Bearbeitungszeit sinnvoll, die Aufgaben, für deren Lösung keine Zeit mehr bleibt, auf diese Weise zu bearbeiten und wahllos eine Antwort auszuwählen. Bei Fragen, bei denen vier Antwortmöglichkeiten zur Auswahl stehen, ist die Chance, auf diese Weise einen Zufallstreffer zu landen, immerhin bei 1:4. Diese Vorgehensweise ist jedoch nur in den Fällen anzuraten, in denen die Bearbeitungszeit nicht mehr ausreicht, um sich intensiver mit einzelnen Fragen zu beschäftigen.

Bearbeitung von Online-Tests

Falls in deinem Bewerbungsverfahren ein kognitiver Leistungstest in Form eines Online-Tests durchgeführt wird, kannst du das Zeitfenster für die Bearbeitung frei wählen. Meistens steht für die Bearbeitung des Online-Tests ein ein- bis zweiwöchiger Zeitrahmen zur Verfügung. Wann du den Test innerhalb dieses Zeitrahmens bearbeitest, bleibt dir überlassen.

Wähle den Zeitrahmen bewusst. Es ist zu empfehlen, diesen Test während deiner mentalen Hochphase (bei den meisten Menschen vormittags) durchzuführen. Achte darauf, dass du für die Dauer der Bearbeitung möglichst ungestört bist, und minimiere die Möglichkeit durch Ablenkung. Halte dir für den Online-Test Hilfsmittel wie Stifte, Papier, Taschenrechner sowie einen Timer oder eine Stoppuhr bereit.

9.2 Verbale Intelligenz

Analog zum logischen Umgang mit Zahlen, der im Bereich numerische Intelligenz getestet wird, wird im Bereich der **verbalen Intelligenz** geprüft, wie du logisch mit **Wörtern, Wortbedeutungen und Sprache** umgehen kannst. Dieser Testbereich ist Bestandteil des Auswahlverfahrens nahezu aller Bundesländer und Dienstgrade.

Im Folgenden findest du vier Diktate. Lass dir diese Diktate am besten von jemand vorlesen und versuche, möglichst wenige Rechtschreib- und Grammatikfehler zu machen. Bitte lass nach jedem Komma ein Leerzeichen. Achte gegebenenfalls auch auf die Zeichensetzung in der Satzmitte oder am Satzende.

Diktat 1: Beruflicher Erfolg mit Kommunikationstechniken (179 Wörter)

Einfühlungsvermögen und Vorstellungskraft sind Fähigkeiten, die in vielen Berufen eine wichtige Rolle spielen. Schließlich bilden sie die Voraussetzung für eine erfolgreiche Kommunikation mit anderen Menschen. Seien es nun Klienten, Patienten oder Mitarbeiter, nur ein sachlicher und respektvoller Umgangston führt letztendlich zu einem guten Einvernehmen sowie der Lösung von Problemen und Konflikten. Doch wie hat man sich diese Skills bei der täglichen Arbeit eigentlich genau vorzustellen? Wer hier auf die eigene, starre Denk- und Handlungsweise beharrt, sollte sich für einen anderen Beruf entscheiden. Denn Flexibilität, Fantasie und Kreativität bestimmen den Alltag von Menschen, die einer kommunikativen Tätigkeit nachgehen. Im Laufe des Gesprächs geht es vor allem darum, das Gegenüber im Auge zu behalten und nicht nur verbale Aussagen, sondern auch den Ton, die Mimik sowie die Körpersprache zu deuten. Wer sich auf diesem Gebiet noch nicht ganz sicher fühlt, ist mit dem Erlernen von Techniken des sogenannten Neuro-Linguistischen-Programmierens bestens beraten. Dabei handelt es sich um Methoden, die sich bei dem Erreichen persönlicher Ziele als vorteilhaft erweisen, jedoch beispielsweise auch Patienten dabei helfen können, destruktive Verhaltensweise und negative Glaubenssysteme zu ändern.

Diktat 2: Christoph Kolumbus (158 Wörter)

Christoph Kolumbus war ein italienischer Seefahrer in kastilischen Diensten, der im Jahr 1492 Amerika entdeckte, als er eine Insel der Bahamas erreichte. Im Wettlauf mit Portugal um den Seeweg nach Indien wollte Kolumbus den Weg im Westen erschließen. Das Ziel seiner ersten Entdeckungsreise war eine Hafenstadt in China. Auf seinen Entdeckungsreisen ab dem Jahr 1492 und dem Jahr 1504 steuerte Kolumbus vor allem die großen Antillen an. Erst auf seiner vierten Reise betrat er im heutigen Honduras das amerikanische Festland. Kolumbus hatte nicht verstanden, dass es sich um einen bis dahin unbekannten Kontinent handelte. Die ersten Entdecker Amerikas waren die Vorfahren der Indianer, die vor langer Zeit von Asien her in den zuvor menschenleeren Kontinent eindrangen. Außerdem wurde Amerika schon rund 500 Jahre vor Kolumbus von Isländern entdeckt. Wenn Kolumbus gleichwohl bis heute als maßgeblicher europäischer Entdecker Amerikas gilt, ist dies darauf zurückzuführen, dass erst seine Reisen zu dauerhafter Kolonisierung durch Menschen anderer Kontinente in geschichtlicher Zeit führten.

Diktat 3: Die Macht der Werbung (160 Wörter)

Werbung ist allgegenwärtig und soll Menschen dazu bringen, dass sie über etwas anders denken als zuvor. Vor allem geht es darum, den Konsumenten davon zu überzeugen, eine bestimmte Ware zu kaufen.

Wir haben in unserem medialisierten Alltag kaum eine Chance, ihr aus dem Weg zu gehen. Tatsächlich nehmen wir aber nur einen Bruchteil der Werbung wahr, weil die Reizüberflutung so groß ist. Die wichtigsten Medien der Werbung sind Fernsehen, Radio, Zeitungen, Zeitschriften und das Internet. Der immense Vorteil digitaler gegenüber klassischen Medien ist, dass sie in einem besonderen Maß personalisiert werden können.

Interessant ist auch die Psychologie, die mit dem Thema Werbung verbunden ist. Der Mensch ist sich relativ sicher, dass er seine Kaufentscheidungen vor allem nach rationalen Kriterien trifft. Das ist aber nicht die Wahrheit. Viele verschiedene Faktoren beeinflussen uns. Dazu zählen beispielsweise die Marke, die Farbe und die Produktplatzierung. Werbung kann dich also manipulieren. Eine wichtige Fähigkeit ist es daher, in der Lage zu sein, Werbung zu reflektieren und zu hinterfragen.

Diktat 4: Kommunikation (125 Wörter)

Unter Kommunikation wird der Austausch oder die Übertragung von Informationen auf verschiedene Arten und Wege verstanden. Unsere Kommunikationsmöglichkeiten wären ohne Technik sehr begrenzt. Das gesprochene Wort hat nur eine geringe Reichweite. Das Gedächtnis ist ein unzuverlässiger Speicher.

Die Erfindung der Schrift machte es möglich, über weite Entfernungen Informationen auszutauschen und aufzubewahren. Mitte des 15. Jahrhunderts erfand Gutenberg den Buchdruck. Nun wurde Geschriebenes einem breiteren Publikum zugänglich.

Im 19. Jahrhundert erschloss dann die Elektrizität neue Möglichkeiten der Kommunikation. Mit dem Telegrafen, dem Fernschreiber und später mit dem Telefon, dem Fernsprechapparat, ließen sich Botschaften in Sekundenschnelle übermitteln.

Seither ist die Entwicklung rasch fortgeschritten. Das Internet eröffnet ganz neue Formen der Kommunikation. Nun können Menschen über den gesamten Planeten miteinander chatten oder per Video telefonieren und sich austauschen.

Zeitungsbericht verstehen

Im Folgenden wird dir ein frei erfundener Zeitungsbericht vorgestellt. Bitte lies dir diesen Text genau durch. Anschließend werden Fragen zu dem Text gestellt, die du beantworten musst.

Tipp: Oft zielen die Tests darauf ab, zu beobachten, ob du auch unter Zeitdruck und Stress konzentriert und genau arbeiten kannst. Lass dich also nicht aus der Ruhe bringen!

Halte dich nicht zu lange bei einer Aufgabe auf, die du nicht verstehst. Überspringe und markiere dir diese und schau am Ende, wenn du noch genug Zeit hast, einmal drüber.

Zeit: **15 Minuten**

Tödlicher Unfall nach illegalem Autorennen

Die Traditionsbäckerei „Friedrich" in der Friedberger Landstraße in Frankfurt am Main gleicht einem Trümmerfeld. Der Fahrer eines Porsche 911 hat in der Nacht von Freitag auf Samstag bei einem illegalen Autorennen die Kontrolle über sein Auto verloren. Der Gummiabrieb der Reifen zieht sich von der Kreuzung der Rohrbachstraße bis zur Bäckerei. Mit großer Geschwindigkeit ist der Porsche frontal durch die Schaufensterscheiben der Bäckerei geflogen und hat eine Spur der Verwüstung hinterlassen. Von außen betrachtet sieht es vor der Bäckerei aus, als hätte es einen Bombenanschlag gegeben. Autoteile, Glasscherben und Kleidungsstücke liegen herum.

Die Polizei wird von den Anwohnern informiert und trifft bereits sieben Minuten nach dem tragischen Unfall in der Friedberger Landstraße ein. Der Porsche ist völlig demoliert und der Fahrer lebt zu diesem Zeitpunkt bereits nicht mehr. Er wurde aus dem Wagen durch die Frontscheibe geschleudert. Die Polizisten vermuten, dass der Fahrer nicht angeschnallt war. Der Beifahrer konnte einige Minuten später von der Feuerwehr mit schwerem Gerät geborgen werden. Mit schweren Verletzungen wurde er in ein naheliegendes Krankenhaus transportiert.

Anwohner sind fassungslos. Es ist bereits das dritte Straßenrennen im letzten halben Jahr. "Wie kann man auf die Idee kommen, mitten in einer Großstadt ein Autorennen zu veranstalten?", fragt sich eine ältere Dame, die durch den Unfall aus dem Schlaf gerissen wurde. Weitere Fahrer, die an dem Straßenrennen beteiligt waren, konnten bis jetzt nicht ausfindig gemacht werden.

1. Wie heißt die Traditionsbäckerei in der Friedberger Landstraße?
a) Niedlich
b) Fliegrich
c) Friesch
d) Friedberg
e) Friedrich

2. Von wo bis wo zieht sich der Gummiabrieb des Autos?
a) von der Haltestelle Rohrbachstraße bis zur Bäckerei
b) von der Kreuzung der Rohrbachstraße bis zur Friedberger Landstraße
c) von der Friedberger Landstraße bis zur Bäckerei
d) von der Kreuzung der Rohrbachstraße bis zur Bäckerei
e) von der Bäckerei bis zur Friedberger Landstraße

3. Laut einer Anwohnerin war es das dritte Straßenrennen ...
a) im letzten Monat.
b) im letzten Jahr.
c) im letzten Quartal.
d) im letzten halben Jahr.
e) in der letzten Woche.

4. Wie war der genaue Wortlaut im Text?
a) Der Porsche ist völlig demoliert und der Fahrer lebt zu diesem Zeitpunkt bereits nicht mehr. Er wurde aus dem Wagen durch die Frontscheibe geschleudert.
b) Der Porsche ist völlig demoliert und der Fahrer lebt zu diesem Zeitpunkt allerdings noch. Er wurde aus dem Wagen durch die Frontscheibe geschleudert.
c) Das Auto ist völlig demoliert und der Fahrer lebt zu diesem Zeitpunkt bereits nicht mehr. Er wurde aus dem Wagen durch die Frontscheibe geschleudert.
d) Der Porsche ist völlig demoliert und der Beifahrer lebt zu diesem Zeitpunkt bereits nicht mehr. Er wurde aus dem Wagen durch die Frontscheibe geschleudert.
e) Der Porsche ist völlig demoliert und der Fahrer lebt zu diesem Zeitpunkt bereits nicht mehr. Er wurde aus dem Wagen durch die Rückfenster geschleudert.

5. Was liegt alles an der Unfallstelle herum?
a) Autoteile, Glasscherben, Kleidungsstücke und Metallteile
b) Plastikteile, Glasscherben und Kleidungsstücke
c) Autoteile, Plastikteile und Kleidungsstücke

d) Autoteile, Glasscherben und Kleidungsstücke
e) Autoteile, Glasscherben und Plastikteile

6. Wann trifft die Polizei am Unfallort ein?.
a) nach sechs Minuten
b) nach fünf Minuten
c) nach 17 Minuten
d) nach sieben Minuten
e) nach vier Minuten

7. Wann geschah der Unfall?
a) in der Nacht von Sonntag auf Montag
b) in der Nacht von Samstag auf Sonntag
c) in der Nacht von Freitag auf Samstag
d) in der Nacht von Mittwoch auf Donnerstag
e) in der Nacht von Donnerstag auf Freitag

8. In welcher Stadt befindet sich der Unfallort?
a) Hamburg
b) München
c) Frankfurt
d) Dresden
e) Berlin

9. Inwiefern hat der Porsche die Bäckerei beschädigt?
a) Der Porsche explodierte.
b) Der Porsche hinterließ keine Spur der Verwüstung.
c) Der Porsche flog frontal durch die Schaufensterscheibe der Bäckerei.
d) Der Porsche geriet ins Schleudern und zerstörte dabei die Eingangstür der Bäckerei.
e) Der Porsche streifte an der Wand bis zum Eingang der Bäckerei.

10. Als die Polizei am Unfallort eintrifft ...
a) lebt der Fahrer noch, und wird mit schweren Verletzungen ins Krankenhaus transportiert.
b) ist der Fahrer glücklicherweise unverletzt.
c) ist der Fahrer geflüchtet.
d) ist der Fahrer bereits tot.

11. Um was für ein Fahrzeug handelt es sich bei dem Unfall?
a) Porsche 911
b) Porsche 991
c) 1er BMW
d) Mercedes Benz A-Klasse
e) VW Arteon

12. Was sind Vermutungen der Polizei zum Tod des Opfers?
a) Der Fahrer war nicht angeschnallt.
b) Der Fahrer war betrunken.
c) Der Fahrer hat während des Fahrens telefoniert.
d) Der Fahrer hat Drogen konsumiert.
e) Der Fahrer ist eingeschlafen.

13. Wie ist der Name des Fahrers?
a) keine Angabe
b) Friedberger
c) Friedrich
d) Frederik
e) Friedhelm

14. Von wem stammt diese Aussage: „Wie kann man auf die Idee kommen, mitten in einer Großstadt ein Autorennen zu veranstalten?"
a) von einer Studentin
b) von einer älteren Dame
c) von einem älteren Herrn
d) von einem Sanitäter
e) von einem jungen Mann

15. Wie war der genaue Wortlaut im Text?
a) Anwohner sind schockiert.
b) Anwohner sind fassungslos.
c) Anwohner sind wütend.
d) Anwohner sind traurig.
e) Anwohner sind aufgebracht.

Lösungen: Deutscher Lückentext

1. e)	6. d)	11. a)
2. d)	7. c)	12. a)
3. d)	8. c)	13. a)
4. a)	9. c)	14. b)
5. d)	10. d)	15. b)

Gegenteile

Finde zu einem vorgegebenen Begriff das entsprechende Gegenteil.

Zeit: **4 Minuten**

1. euphorisch
a) sauer
b) traurig
c) mürrisch
d) lustlos

2. oberflächlich
a) tiefgründig
b) ungenau
c) präzise
d) exakt

3. feige
a) waghalsig
b) mutig
c) unerschrocken
d) riskant

4. Lösung
a) Konflikt
b) Streit
c) Problem
d) Auseinandersetzung

5. leichtsinnig
a) besonnen
b) rücksichtsvoll
c) sorgfältig
d) bedacht

6. selten
a) regulär
b) typisch
c) alltäglich
d) häufig

7. fleißig
a) faul
b) träge
c) lustlos
d) demotiviert

8. Wahrheit
a) Illusion
b) Lüge
c) Ausrede
d) Betrug

9. Demut
a) Missmut
b) Ehre
c) Überheblichkeit
d) Stolz

10. radikal
a) ruhig
b) tolerant
c) moderat
d) gelassen

11. kaufen
a) schenken
b) feilschen
c) leihen
d) stehlen

12. nachlässig
a) gewissenhaft
b) genau
c) bedacht
d) folgsam

13. pragmatisch
a) kreativ
b) idealistisch
c) träumerisch
d) egoistisch

14. gierig
a) zurückhaltend
b) gelassen
c) bescheiden
d) schüchtern

15. Misstrauen
a) Zuversicht
b) Vertrauen
c) Glaube
d) Verständnis

16. Mitleid
a) Gleichgültigkeit
b) Verständnis
c) Verachtung
d) Bedeutungslosigkeit

17. ungenügend
a) maßgeblich
b) erwartungsvoll
c) ausreichend
d) zufriedenstellend

18. ernst
a) glücklich
b) erfreut
c) unseriös
d) vergnügt

Lösungen: Gegenteile

1. d)	8. b)	15. b)
2. a)	9. c)	16. a)
3. b)	10. c)	17. c)
4. c)	11. d)	18. d)
5. a)	12. a)	
6. d)	13. b)	
7. a)	14. c)	

Satzordnung

Dir werden Teile eines Satzes präsentiert. Deine Aufgabe ist es, daraus einen sinnvollen Satz zu bilden. Damit das Ganze nicht zu einfach ist, wird der Satzanfang nicht großgeschrieben. Das letzte Satzglied ist auch nicht durch einen Punkt gekennzeichnet.

Bilde aus den Elementen einen sinnvollen Satz.

Beispiel:

- in der Lage bist,
- geschickt zusammenzusetzen
- prüft, ob du
- die Teile eines Satzes
- dieser Test

Lösung: Dieser Test prüft, ob du in der Lage bist, die Teile eines Satzes geschickt zusammenzusetzen.

Zeit: **10 Minuten**

1.

- haben die Aufgabe,
- die Ordnungsbehörden und die Polizei
- Gefahren für die
- öffentliche Sicherheit
- oder Ordnung abzuwehren

2.

- können im Land Berlin
- Amtshandlungen vornehmen
- oder des Bundes
- anderen Landes
- Polizeidienstkräfte eines

3.

- werden Polizeidienstkräfte
- eines anderen Landes
- oder des Bundes tätig,
- haben sie die gleichen
- Befugnisse wie die des Landes Berlin

4.

- Ordnungsbehörden,
- nachgeordnete Ordnungsbehörden,
- auf dem Gebiet der Gefahrenabwehr
- sich gegenseitig

- von allen wichtigen Wahrnehmungen
- Polizei und zuständige Aufsichtsbehörden unterrichten

5.

- die Hauptaufgabe
- der Schutzpolizei ist,
- und ihrer Bürgerinnen
- für die Sicherheit der Stadt
- und Bürger zu sorgen

6.

- die Anforderung weiterer Einsatzkräfte,
- wenn nötig auch anderer Behörden (z.B. der Feuerwehr)
- zu den Aufgaben gehören die Absperrung eines
- und das Informieren der am Geschehen Beteiligten
- Tat- oder Unfallortes zur Sicherung der Beweismittel,

7.

- triftigen Grund Schwarze
- den USA ohne
- erschossen
- erneut haben
- rassistische Polizisten in

8.

- auch in zahlreichen Demonstrationen
- Polizeigewalt finden sich nicht
- Proteste gegen Rassismus und
- auf der ganzen Welt wieder
- nur im Internet, sondern

9.

- ist unglaublich wichtig und
- Ländern nicht gegeben
- leider in vielen
- Das Recht auf Meinungsfreiheit

10.

- effiziente Klimaschutzmaßnahmen einsetzen
- welche sich für schnelle und
- Fridays for Future ist
- Bewegung ausgehend von Schülern,
- eine globale soziale

11.

- Jahr im selben Tempo weiter wachsen wie in
- ungefähr fünf Meter groß
- würde ein Baby jedes
- es an seinem 18. Geburtstag
- seinem ersten Lebensjahr, wäre

12.

- Welt ist die Stechmücke, denn sie ist
- Dengue-Fieber-Infektionen verantwortlich
- Krankheiten wie beispielsweise Malaria- und
- das tödlichste Tier der
- für die Übertragung von diversen

13.

- drei Minuten Zähne
- im Durchschnitt zehn
- putzen verbrennt
- Kalorien

14.

- durchschnittlichen Bleistifts kann
- mit der Mine eines
- zeichnen, die 56 Kilometer
- lang ist
- man eine Linie

15.

- witziger Fakt ist,
- bekommen, wenn sie gestresst
- dass Koalas Schluckauf
- bisher unerforscht, aber ein
- sind und manchmal sogar mit den
- Ohren wackeln

16.

- Otter legen sich zum
- Händchen, damit sie im Wasser
- Rücken und halten dabei
- Schlafen auf den
- nicht voneinander wegtreiben

17.

- in die Nase läuft
- die Tränenflüssigkeit auch
- wir weinen, ist, dass
- dass die Nase läuft, wenn
- der Grund dafür,

18.

- zwischen dem 30. und dem 70. Lebensjahr wächst
- die Nase um etwa einen halben

- Zentimeter, was natürlich individuell unterschiedlich ist
- Zentimeter und die Ohren um etwa einen

19.

- zwischen 15 und 20 Stunden, was
- Löwen schlafen täglich
- den Energiereserven sparsam umzugehen
- eine Strategie ist, mit

20.

- der Geschmack des Eis wird
- die Farbe des Eidotters sowie
- beeinflusst, welches ein Huhn aufnimmt
- von dem Futter
-

Lösungen

1. Die Ordnungsbehörde und die Polizei haben die Aufgabe, Gefahren für die öffentliche Sicherheit oder Ordnung abzuwehren.

2. Polizeidienstkräfte eines anderen Landes oder des Bundes können im Land Berlin Amtshandlungen vornehmen.

3. Werden Polizeidienstkräfte eines anderen Landes oder Bundes tätig, haben sie die gleichen Befugnisse wie die des Landes Berlin.

4. Ordnungsbehörden, nachgeordnete Ordnungsbehörden, Polizei und zuständige Aufsichtsbehörden unterrichten sich gegenseitig auf dem Gebiet der Gefahrenabwehr.

5. Die Hauptaufgabe der Schutzpolizei ist, für die Sicherheit der Stadt und ihrer Bürgerinnen und Bürger zu sorgen.

6. Zu den Aufgaben gehören die Absperrung eines Tat- oder Unfallortes zur Sicherung der Beweismittel, die Anforderung weiterer Einsatzkräfte, wenn nötig auch anderer Behörden (z.B. der Feuerwehr) und das Informieren der am Geschehen Beteiligten.

7. Erneut haben rassistische Polizisten in den USA ohne triftigen Grund Schwarze erschossen.

8. Proteste gegen Rassismus und Polizeigewalt finden sich nicht nur im Internet, sondern auch in zahlreichen Demonstrationen auf der ganzen Welt wieder.

9. Das Recht auf Meinungsfreiheit ist unglaublich wichtig und leider in vielen Ländern nicht gegeben.

10. Fridays for Future ist eine globale soziale Bewegung ausgehend von Schülern, welche sich für schnelle und effiziente Klimaschutzmaßnahmen einsetzen.

11. Würde ein Baby jedes Jahr im selben Tempo weiter wachsen wie in seinem ersten Lebensjahr, wäre es an seinem 18. Geburtstag ungefähr 5 Meter groß.

12. Das tödlichste Tier der Welt ist die Stechmücke, denn sie ist für die Übertragung von diversen Krankheiten wie beispielsweise Malaria- und Dengue-Fieber-Infektionen verantwortlich.

13. Drei Minuten Zähne putzen verbrennt im Durchschnitt zehn Kalorien.

14. Mit der Mine eines durchschnittlichen Bleistifts kann man eine Linie zeichnen, die 56 Kilometer lang ist.

15. Bisher unerforscht, aber ein witziger Fakt ist, dass Koalas Schluckauf bekommen, wenn sie gestresst sind und manchmal sogar mit den Ohren wackeln.

16. Otter legen sich zum Schlafen auf den Rücken und halten dabei Händchen, damit sie im Wasser nicht voneinander wegtreiben.

17. Der Grund dafür, dass die Nase läuft, wenn wir weinen, ist, dass die Tränenflüssigkeit auch in die Nase läuft.

18. Zwischen dem 30. und dem 70. Lebensjahr wächst die Nase um etwa einen halben Zentimeter und die Ohren um etwa einen Zentimeter, was natürlich individuell unterschiedlich ist.

19. Löwen schlafen täglich zwischen 15 und 20 Stunden, was eine Strategie ist, mit den Energiereserven sparsam umzugehen.

20. Die Farbe des Eidotters sowie der Geschmack des Eis wird von dem Futter beeinflusst, welches ein Huhn aufnimmt.

Syllogismen I

Im Einstellungstest werden häufig bestimmte Aussagen getroffen oder Regeln und Einzelfälle genannt, die zu bestimmten Ergebnissen führen. Die Testperson muss dann entscheiden, ob die Aussage stimmt oder zu welchem Ergebnis die Regeln und Einzelfälle führen.

Beispiel
Welcher Weg ist der Kürzeste?
Weg A ist länger als Weg B.
Weg B ist kürzer als Weg C.
Weg C ist gleich kurz wie Weg D.
Weg D ist kürzer als Weg A.
Lösung: Weg B ist der Kürzeste.
Erklärung:
A > B
C > B
C = D daraus folgt (C = D) > B und A > B -> Weg B ist der Kürzeste
A > D daraus folgt A > C&D > B -> Weg B ist der Kürzeste

Welche der angebotenen Schlussfolgerungen ist richtig?

Zeit: **10 Minuten**

1. Alle Europäer sind Rechtshänder. Alle Rechtshänder sind Mechaniker.
a) Einige Mechaniker sind Europäer.
b) Alle Mechaniker sind Europäer.
c) Alle Rechtshänder sind Europäer.
d) Nicht alle Europäer sind Mechaniker.

2. Kein Schüler ist Lehrer. Einige Lehrer sind Beamte. Jemand ist entweder Schüler oder Lehrer. Ein Beamter kann, muss aber nicht, Lehrer sein.
a) Alle Schüler sind Beamte.
b) Alle Beamte sind Schüler.
c) Kein Schüler ist Beamter.
d) Einige Beamte könnten Schüler sein.

3. Einige Tiere sind Säugetiere. Alle Säugetiere sind grün.
a) Alle Tiere sind grün.
b) Einige Tiere sind grün.
c) Keines der Tiere ist grün.
d) Einige Tiere sind braun.

4. Alle Smartphones haben eine Kamera. Einige Kameras sind hochauflösend.
a) Alle Smartphones haben eine hochauflösende Kamera.
b) Einige Smartphones haben eine hochauflösende Kamera.
c) Keins der Smartphones hat eine hochauflösende Kamera.
d) Alle Kameras sind hochauflösend.

5. Alle Rennbahnen sind Straßen. Alle Straßen sind Verkehrsflächen.
a) Alle Rennbahnen sind Verkehrsflächen.
b) Keine Rennbahn ist eine Verkehrsfläche.
c) Keine Straße ist eine Verkehrsfläche.
d) Alle Straßen sind Rennbahnen.

6. Alle Scheren sind Pflanzen. Einige Scheren sind groß.
a) Alle Pflanzen sind groß.
b) Einige Pflanzen sind groß.
c) Keine der Pflanzen ist groß.
d) Alle Pflanzen sind klein.

7. Alle Komiker sind Unterhalter. Einige Unterhalter sind Musiker.
a) Alle Musiker sind nicht Komiker.
b) Alle Musiker sind Komiker.
c) Einige Musiker sind Komiker.
d) Kein Musiker ist ein Komiker.

8. Alle Italiener essen Pizza. Alle Italiener sind Europäer.
a) Einige Europäer essen Pizza.
b) Alle Europäer essen Pizza.
c) Alle Europäer sind Italiener.
d) Kein Europäer ist ein Italiener.

9. Alle Piloten sind Abenteurer. Keine Abenteurer sind Bergsteiger.
a) Einige Piloten sind keine Bergsteiger.
b) Alle Piloten sind keine Bergsteiger.
c) Einige Bergsteiger sind Piloten.
d) Alle Bergsteiger sind Piloten.

10. Einige Fluglinien verwenden alte Flugzeuge. Alte Flugzeuge sind sicher.
a) Alle Fluglinien sind sicher.
b) Einige Fluglinien verwenden sichere Flugzeuge.
c) Alle sicheren Flugzeuge sind alt.
d) Keines der sicheren Flugzeuge ist alt.

11. Einige Zahlen sind Primzahlen. Primzahlen sind immer schwarz.
a) Alle schwarzen Zahlen sind Primzahlen.
b) Einige schwarze Zahlen sind Primzahlen.
c) Alle Zahlen sind schwarz.
d) Zahlen sind entweder schwarz oder weiß.

12. Alle Polizisten sind schnell. Einige Menschen sind schnell. Schnelle Polizisten sind Menschen.
a) Alle Polizisten sind Menschen.
b) Alle Menschen sind Polizisten.
c) Alle schnellen Menschen sind Polizisten.
d) Kein Mensch ist ein Polizist.
e) Schnelle Polizisten sind keine Menschen.

13. Ein Pandabär ist ein Säugetier. Einige Säugetiere sind Affen. Ein Säugetier ist entweder ein Affe oder ein Pandabär.
a) Einige Pandabären sind Affen.
b) Alle Pandabären sind Affen.
c) Ein Affe kann ein Säugetier sein.
d) Alle Affen sind Säugetiere.
e) Ein Pandabär kann ein Affe sein.

14. Alle Universitäten haben Gebäude. Einige Gebäude sind einsturzgefährdet.
a) Alle Universitäten sind einsturzgefährdet.

b) Alle einsturzgefährdeten Gebäude sind Universitäten.
c) Einige Universitäten haben einsturzgefährdete Gebäude.
d) Ein einsturzgefährdetes Gebäude kann eine Universität sein.

15. Alle Gebäude sind Objekte. Alle Häuser sind Gebäude.
a) Alle Häuser sind Objekte.
b) Einige Häuser sind keine Objekte.
c) Ein Objekt kann kein Haus sein.
d) Alle Gebäude sind Häuser.

Lösungen: Schlussfolgerungen

1. a)	6. b)	11. b)
2. d)	7. c)	12. a)
3. b)	8. a)	13. c)
4. b)	9. b)	14. d)
5. a)	10. b)	15. a)

Zu 1.: a) Europäer -> Rechtshänder -> Mechaniker; die Reihe funktioniert nur in eine Richtung, somit ist Schlussfolgerung b) und c) falsch. Da alle Europäer Rechtshänder und alle Rechtshänder Mechaniker sind, stimmt d) ebenfalls nicht. Somit ist a) korrekt.

Zu 2.: d) Da nicht ausgeschlossen wird, dass Schüler auch Beamte sein könnten, ist in diesem Fall Antwort d) richtig.

Zu 3.: b) einige Tiere -> Säugetiere; Säugetiere -> grün. Wenn in der ersten Aussage das letzte und in der zweiten Aussage das erste Wort inhaltlich übereinstimmen, kann der Zwischenschritt weggelassen werden.

Zu 4.: b) Smartphones -> Kamera; einige Kameras -> hochauflösend. Wenn alle Smartphones eine Kamera besitzen, aber nicht alle Kameras hochauflösend sind, gibt es Kameras mit und ohne hochauflösender Grafik. Antwort b) ist korrekt.

Zu 5.: a) Rennbahnen -> Straßen; Straßen -> Verkehrsflächen. Wie in Aufgabe 3 kann der Zwischenschritt entfernt werden, wenn er identisch ist.

Zu 6.: b) Scheren -> Pflanzen; einige Scheren -> groß. Da es mehr Pflanzen gibt als nur Scheren, fällt Antwort a) weg. Antwort c) und d) schließen sich ebenfalls aus, da nicht alle Pflanzen groß sind, aber auch nicht alle klein (siehe Teilschritt 2).

Zu 7.: c) Komiker -> Unterhalter; einige Unterhalter -> Musiker. Nur Antwort c) ist korrekt, da die Reihe auch umgedreht werden kann: einige Musiker, Unterhalter, Komiker.

Zu 8.: a) Italiener -> Pizza; Italiener -> Europäer. Da die Italiener nur ein Teil von Europa sind, essen einige Europäer Pizza. Gleiche Erklärung für Ausschluss b), c) und d).

Zu 9.: b) Piloten -> Abenteurer; Abenteurer -> kein Bergsteiger. Um den Zwischenschritt zu entfernen, wird die Aussage „gedreht".

Zu 10.: b) einige Fluglinien -> alte Flugzeuge; alte Flugzeuge sicher. Der Zwischenschritt kann übersprungen werden.

Zu 11.: b) einige Zahlen -> Primzahlen; Primzahlen -> schwarz. Es ist anzunehmen, dass mehrere Farben und mehr schwarze Zahlenarten existieren, nicht nur die Primzahlen, daher stimmen die Aussagen a), c) und d) nicht.

Zu 12.: a) Da alle Polizisten schnell sind und schnelle Polizisten Menschen sind, sind somit alle Polizisten Menschen.

Zu 13.: c) Es wird nicht ausgeschlossen, dass Affen etwas anderes sein können als Säugetiere, deshalb ist c) richtig.

Zu 14.: d) Einige Gebäude sind einsturzgefährdet. Aufgrund der Tatsache, dass nicht alle Gebäude einsturzgefährdet sind, sind es auch nicht alle Universitäten. Antwort a) ist falsch. Nicht nur in der Universität existieren einsturzgefährdete Gebäude, somit fällt Antwort b) weg.

Da nicht klar definiert ist, ob die Gebäude, die einsturzgefährdet sind, zu einer Universität gehören, ist c) ebenfalls falsch. Nur Antwort d) berücksichtigt alle Aspekte und nennt eine wahre Schlussfolgerung.

Zu 15.: a) Gebäude ist eine Untermenge von Objekt. Haus ist eine Untermenge von Gebäude. Somit sind alle Häuser auch Objekte.

Syllogismen II

Bei dieser Aufgabe musst du Schlussfolgerungen überprüfen, die aufgrund bestimmter Behauptungen aufgestellt wurden. Die Aufgabe wird durch absurde Aussagen erschwert, was für Verwirrung sorgen soll. Den realen Bezug zu den einzelnen Aussagen kannst du dabei außer Acht lassen. Konzentriere dich lieber auf die Kernaussagen. Markiere die Antworten jeweils mit „richtig“ oder „falsch“.

Beispiel: Alle Hunde essen Bananen. Bananen können fliegen. Also könne alle Hunde fliegen.

Lösung: Falsch. Nur weil Hunde Bananen essen und Bananen fliegen können, heißt das nicht, dass Hunde auch fliegen können.

Zeit: **10 Minuten**

1. Niemand mit blauer Nase kann Bundeskanzler sein. Alle Menschen haben blaue Nasen. Also kann kein Mensch Bundeskanzler sein.
a) richtig b) falsch

2. Alle Pflanzen haben Fenster. Alle Fenster haben Briefe. Deshalb haben alle Pflanzen Briefe.
a) richtig b) falsch

3. Alle Giraffen sind Kunstsammler. Manche Kunstsammler sitzen in Käfigen. Also sitzen manche Giraffen in Käfigen.
a) richtig b) falsch

4. Alle Radios können lesen. Kühlschränke können schreiben. Also können Radios Kühlschränke schreiben.
a) richtig b) falsch

5. Kühlschränke können schreiben, aber nicht lesen. Radios können lesen, aber nicht schreiben. Töpfe können lesen und schreiben. Also sind Töpfe intelligenter als Radios und Kühlschränke.
a) richtig b) falsch

6. Mützen können alles beißen. Alle Autos sind Mützen und alle Mäuse sind eckig, weil sie Mützen essen. Also können alle Autos beißen.
a) richtig b) falsch

7. Wenn alle Bauern verheiratet und alle Verheirateten Rentner sind, sind also alle Verheirateten Bauern.
a) richtig b) falsch

8. Wenn alle rosa Elefanten zur Schule gehen und lesen können und rote Kugelschreiber nur rosa Elefanten sind, wenn sie singen und zur Arbeit gehen, dann sind also rosa Elefanten rote Kugelschreiber.
a) richtig b) falsch

9. Elefanten tauchen gerne unter. Bäume auch. Also sind Elefanten Bäume.
a) richtig b) falsch

10. Einige Kohlköpfe sind Lokomotiven. Einige Lokomotiven spielen Klavier. Also spielen einige Kohlköpfe Klavier.
a) richtig b) falsch

11. Alle Raupen sind Busfahrer. Alle Busfahrer können fliegen, weil sie Krokodile sind. Krokodile haben zwei Beine. Alle Raupen haben deshalb zwei Beine.
a) richtig b) falsch

12. Einige Raupen sind Häuser und alle Häuser lieben Käse. Also lieben alle Raupen Käse.
a) richtig b) falsch

Lösungen: Schlussfolgerungen/Syllogismen II

Zu 1.: a) Richtig. Wenn alle Menschen blaue Nasen haben, kann auch keiner Bundeskanzler werden.

Zu 2.: a) Richtig. Wenn alle Pflanzen Fenster und alle Fenster Briefe haben, muss jede Pflanze auch Briefe haben.

Zu 3.: b) Falsch. Auch wenn einige Giraffen Kunstsammler sind, heißt das nicht gleichzeitig, dass Kunstsammler auch Giraffen sind. Also sitzen nur manche Kunstsammler in Käfigen.

Zu 4.: b) Falsch. Es gibt keinen Zusammenhang. Es wird weder gesagt, dass Radios schreiben können noch, dass sie Kühlschränke schreiben können.

Zu 5.: b) Falsch. Nur weil Töpfe lesen und schreiben können sagt das nichts über ihre Intelligenz aus.

Zu 6.: a) Richtig. Weil alle Autos Mützen sind, haben Autos die gleichen Eigenschaften wie Mützen. Also können Autos alles beißen.

Zu 7.: b) Falsch. Nur weil es heißt, dass alle Bauern verheiratet sind, heißt das noch lange nicht, dass alle Verheirateten Bauern sind.

Zu 8.: b) Falsch. Rosa Elefanten gehen zur Schule und rote Kugelschreiber sind nur rosa Elefanten, wenn sie singen und zur Arbeit gehen. Somit sind nicht alle Elefanten rote Kugelschreiber.

Zu 9.: b) Falsch. Nur weil Elefanten gerne tauchen, sind sie keine Bäume.

Zu 10.: b) Falsch. Auch wenn einige Kohlköpfe Lokomotiven sind, heißt das nicht gleichzeitig, dass Lokomotiven auch Kohlköpfe sind. Also spielen nur einige Lokomotiven Klavier.

Zu 11.: a) Richtig. Weil alle Raupen Busfahrer sind und Busfahrer fliegen können, weil sie Krokodile sind, müssen alle Raupen zwei Beine haben.

Zu 12.: b) Falsch. Es sind nicht alle Raupen Häuser, also lieben auch nicht alle Raupen Käse.

Sprachanalogien

Sogenannte Sprachanalogien werden in zahlreichen Aufnahmetests verwendet. Die Aufgabe dabei ist, die Wortgleichung sinnvoll zu ergänzen. Das erste und zweite Wort in der Gleichung stehen in einer Beziehung zueinander. Ziel ist es, zwischen dem dritten und dem Lösungswort eine ähnliche Beziehung herzustellen. Richtig ist immer nur eine Lösung.

Zeit: **10 Minuten**

1. Linde / Eiche = Dackel / ?
a) Boxer
b) Hund
c) Vierbeiner
d) Schnauze

2. Bleistift / spitzen = Messer / ?
a) schneiden
b) stechen
c) schleifen
d) scharf

3. Bluse / T-Shirt = kurze Hose / ?
a) Rock
b) Unterhose
c) BH
d) Unterwäsche

4. Herbst / Apfel = Obst / ?
a) Sommer
b) Monat
c) Jahreszeit
d) Gemüse

5. Mensch / Nahrung = Auto / ?
a) Getriebe
b) Benzin
c) Reifen
d) Vordersitz
e) Windschutzscheibe

6. Obst / Banane = Gemüse / ?
a) Gurke
b) Kiwi
c) Apfel
d) Orange
e) Grapefruit

7. Küken / Vögel = Baby / ?
a) Rentner
b) Erwachsener
c) Jugendlicher
d) Homo Sapiens
e) Kleinkind

8. Skateboard / fahren = Pferd / ?
a) dressieren
b) reiten
c) füttern
d) schlachten
e) streicheln

9. hoch / tief = schnell / ?
a) lang
b) unendlich
c) breit
d) weit
e) langsam

10. Papier / Stift = Wand / ?
a) Schere
b) Kleber
c) Perforator
d) Wandfarbe
e) Tapete

11. Tee / Wasser = Kaffee / ?
a) Bohnen
b) Tasse
c) Wasser
d) Kanne
e) Schwarz

12. wenig / viel = null / ?
a) unendlich
b) nichts
c) mehr
d) ein bisschen
e) 1.000

13. Flugzeug / Himmel = Deutschland / ?
a) Universum
b) Berge
c) Land
d) Amerika
e) Europa

14. lachen / Freude = weinen / ?
a) Spaß
b) lustig
c) Trauer
d) Ekel
e) Tränen

15. Sommer / Sonne = Winter / ?
a) Blumen
b) kalt
c) langweilig
d) Schnee
e) Frühling

16. Morgen / Kind = Abend / ?
a) Mensch
b) Erwachsener
c) Frau
d) Junge
e) Affe

17. Herz / Mensch = Adler / ?
a) Krieg
b) Himmel
c) Sand
d) Frieden
e) Hass

18. Tier / Fell = Baum / ?
a) Wurzel
b) Rinde
c) Ast
d) Blätter
e) Stamm

19. Kilogramm / Gewicht = Minute / ?
a) Armbanduhr
b) Stunde
c) Tag
d) Zeit
e) Jahr

20. Meter / Länge = Unze / ?
a) Gold
b) Römer
c) Entfernung
d) Zeit
e) Masse

21. Hamburger / USA = Fish and Chips / ?
a) Deutschland
b) Großbritannien
c) Polen
d) Russland
e) Frankreich

22. vorwärts / rückwärts = rechts / ?
a) oben
b) unten
c) links
d) vorne
e) hinten

Lösungen: Sprachanalogien

1. a)	9. e)	17. b)
2. c)	10. d)	18. b)
3. a)	11. c)	19. d)
4. c)	12. a)	20. e)
5. b)	13. e)	21. b)
6. a)	14. c)	22. c)
7. e)	15. d)	
8. b)	16. b)	

Zu 1.: a) In diesem Fall passt nur Lösung a), da es sich hierbei um eine Hunderasse handelt. Linde und Eiche sind zwei verschiedene Baumarten, Dackel und Boxer zwei Hunderassen.

Zu 2.: c) Einen Bleistift spitzt man, ein Messer schleift man. Beides sind Methoden, um den jeweiligen Gegenstand in den Optimal-Zustand zu versetzen.

Zu 3.: a) Bluse ist die elegante, T-Shirt die legere Variante eines Oberteils. Gleicher Zusammenhang gilt für Rock und kurzer Hose.

Zu 4.: c) Es werden die Oberbegriffe gesucht: Apfel → Obst, Herbst → Jahreszeit.

Zu 5.: b) Ein Mensch benötigt Nahrung zum Überleben, ein Auto funktioniert nur mit ausreichend Benzin.

Zu 6.: a) Die Banane gehört eindeutig in die Kategorie Obst. In den Antwortmöglichkeiten steht nur eine Gemüsesorte, daher muss Gurke die richtige Lösung sein.

Zu 7.: e) Küken entwickeln sich ohne Zwischenschritt zu Vögeln. Da der Mensch mehrere Stadien durchläuft, aber nur nach dem Folgeprozess gefragt wurde, ist Antwort e) Kleinkind richtig.

Zu 8.: b) Der Zusammenhang besteht in der richtigen Fortbewegungsmöglichkeit. Ein Skateboard fährt man, ein Pferd wird geritten.

Zu 9.: e) In dieser Aufgabe werden Gegensätze abgefragt: hoch / tief und schnell / langsam.

Zu 10.: d) Mit einem Stift wird ein Papier beschrieben, analog dazu mit Wandfarbe die Wand gestrichen.

Zu 11.: c) Das Entscheidende ist nicht die Herstellung des Grundprodukts (Teeblätter, Kaffeebohnen), sondern die Zutat, die zur Fertigstellung des Getränks verwendet wird – in beiden Fällen ist dies Wasser.

Zu 12.: a) siehe Lösung Aufgabe 9

Zu 13.: e) Das Flugzeug fliegt im Himmel, Deutschland liegt auf dem Kontinent Europa. Die geografische Lage ist entscheidend.

Zu 14.: c) Freude wird oft empfunden, wenn man lacht. Trauer hingegen, wenn man weint.

Zu 15.: d) Das charakteristische Merkmal für den Sommer ist die Sonne. Für den Winter ist Schnee typisch.

Zu 16.: b) Wird das Leben als Tag betrachtet, ist der Mensch am Morgen ein Kind und am Abend ein Erwachsener.

Zu 17.: b) Das Herz befindet sich im Brustkorb des Menschen, der Adler verbringt die meiste Zeit im Himmel. Der richtige Lebensraum ist gefragt.

Zu 18.: b) Der Körper eines Tieres ist von einem Fell ummantelt, genauso wie ein Baum von Rinde ummantelt ist.

Zu 19.: d) Kilogramm ist eine Maßeinheit für das Gewicht. Die Zeit wird unter anderem in Minuten gemessen.

Zu 20.: e) Meter ist ein Längenmaß, genauso wie eine Unze eine Gewichtseinheit ist.

Zu 21.: b) Ein typisches Gericht in den USA sind Hamburger. Großbritannien ist bekannt für Fish and Chips.

Zu 22.: c) In dieser Aufgabe werden Gegensätze abgefragt: vorwärts / rückwärts und rechts / links.

9.3 Figurale Intelligenz

Im Bereich der figuralen Intelligenz musst du dein logisches Denken im Zusammenhang mit Figuren, Formen und dreidimensionalen Objekten unter Beweis stellen. Dieser Testbereich ist Bestandteil nahezu aller Bundesländer und Dienstgrade.

Figuren zusammensetzen

Dieser Teil des Tests zielt darauf ab, das räumliche Vorstellungsvermögen zu prüfen. Wichtig hierbei ist für dich zu wissen, dass du jedoch kein großes Talent brauchst, um mit einigen Tricks anderen Teilnehmern weit überlegen zu sein. Die Grundidee der Aufgaben ist es, aus Einzelteilen von fünf bis acht Ecken sowie kompletten, Dreiviertel-, halben und Viertel-Kreisen, die jeweilige Figur zu erkennen. Dabei sind die Figuren im Vergleich zu den Lösungen im Gesamten vergrößert oder verkleinert und auch gedreht, jedoch nie gespiegelt.

Generell sind zwei verschiedene Aufgabentypen zu unterscheiden: Zum einen sind dies die Kreis-Aufgaben, die deutlich einfacher zu lösen sind und somit zuerst behandelt werden sollten. Also merke dir: BEGINNE mit den Kreis-Aufgaben. Merkst du in einer Aufgabe, dass sie aufgrund der Formen (hier mit Pfeil markiert) einen Kreis ergibt, so startest du mit dieser und addierst die kreisförmigen Teile zu einem kompletten, Dreiviertel-, halben oder Viertel-Kreis. Am einfachsten nimmst du das größte Kreisstück und beginnst mit dem Anzeichnen der anderen kleineren Teile, die ebenfalls eine kreisförmige Krümmung aufweisen.

Bedenke jedoch immer, dass auch Antwort E, also keine der gezeichneten Lösungen, möglich ist, bevor du zu viel Zeit verlierst!

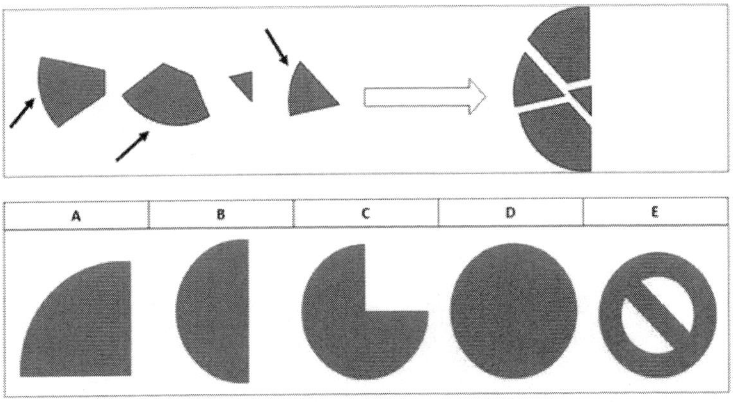

Zum anderen gibt es auch die Polygon-Aufgaben. Diese beschränken sich auf vier Figurentypen: Fünf-Ecke, Sechs-Ecke, Sieben-Ecke und Acht-Ecke. Hier gibt es ebenfalls einen leichten Trick, mit dem du bei zahlreichen Aufgaben in kurzer Zeit die richtige Lösung findest. Beginne folgendermaßen:

1. Suche zunächst ein oder zwei Einzelteile, welche wahrscheinlich Aufschluss auf die vollständige Form des Polygons geben. Dies ist meist das größte oder eines der größeren Teile. Bedenke, dass kleine Teile auch aus der Innenfläche der Figuren ausgeschnitten sein könnten und keinen Bezug zu den äußeren Winkeln sowie Seiten haben können!
2. Betrachte die Winkel des Einzelteils beziehungsweise der Einzelteile. Sind bereits einige Winkel an einem Teil mehrfach vertreten, die zu einem der Figurentypen passen, hast du bereits die richtige Lösung.

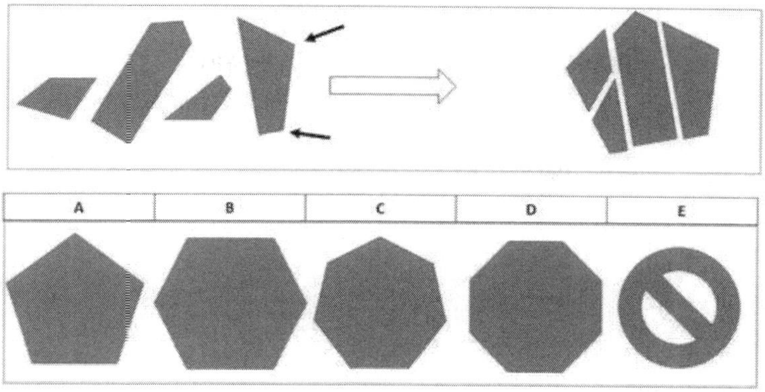

Du siehst, um erfolgreich in der Kategorie „Figuren zusammensetzen“ zu sein, solltest du dich mit den Winkeln der Polygone auseinandersetzen und ein gewisses Augenmaß entwickeln. Doch auch hier gibt es einen kleinen Trick, der dir im Zweifelsfall weiterhelfen kann, falls du dir einmal nicht ganz sicher bist:

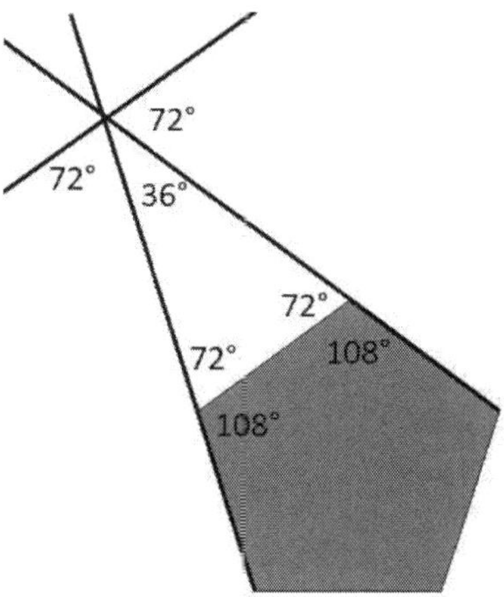

Beim Fünf-Eck ergibt sich bei der Verlängerung der Seiten ein Winkel von 36 Grad. Dieser ist spitzer als bei allen anderen Figuren. Weiter ist dieser Winkel genau doppelt so groß wie der angrenzende Winkel (72 Grad), der sich aus der Parallelen der Seite durch den Schnittpunkt der beiden Linien ergibt.

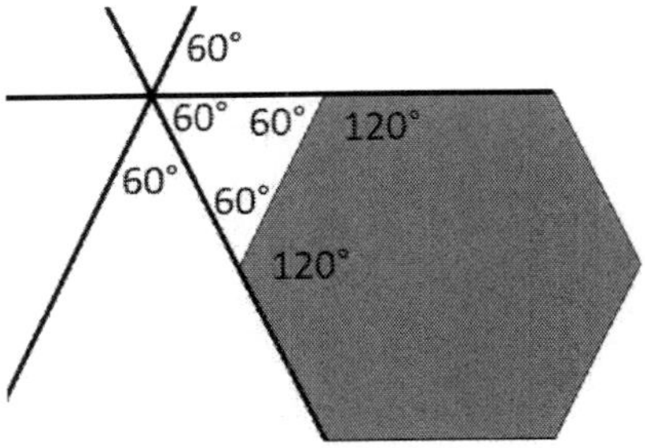

Beim Sechs-Eck ergeben die Verlängerungen der beiden Seiten ein gleichschenkliges Dreieck, was bedeutet, dass alle Seiten als auch alle Winkel ident sind.

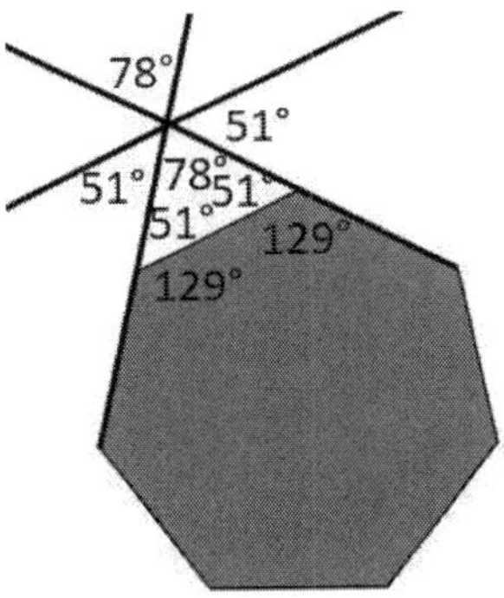

Beim Sieben-Eck bilden die Verlängerungen der Seiten einen Winkel von zirka 78 Grad, der deutlich größer ist als jene Winkel, die den Seiten anliegen mit 51 Grad. Dadurch entsteht ein Dreieck, dessen Basis länger ist als die jeweiligen beiden Katheten.

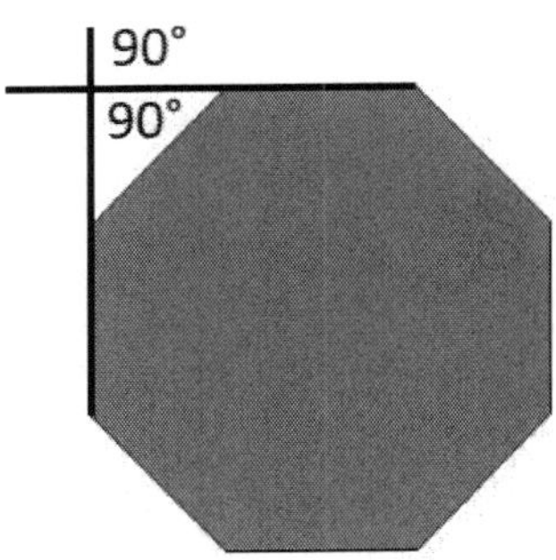

Am einfachsten verhält es sich bei einem Acht-Eck. hier ergeben die Verlängerungen der Seiten einen 90 Grad Winkel, der leicht zu erkennen ist.

Nachdem du unserem ersten Tipp folgend alle Kreis-Aufgaben bearbeitet hast, beginnst du bei den Polygonen mit den Aufgaben, die die wenigsten

Teile besitzen. Bei alten Tests kommen Aufgaben mit bis zu sieben Teilen vor. Diese solltest du zuletzt bearbeiten, da sie meist deutlich schwerer zu lösen sind.

Falls die obenstehenden Tricks einmal nicht ausreichen sollten, kannst du damit beginnen, Teile, die zusammengehören, aneinander zu zeichnen, um so einen besseren Überblick zu erhalten. Anschließend kannst du erneut beurteilen, ob du eine der Methoden anwenden kannst. Auch wenn sich im weiteren Verlauf für dich keine klare Lösung finden lässt, so kannst du zumindest einige Figuren ausschließen und so die Chance erhöhen, die richtige Figur zu erraten.

Übungsaufgaben

1.

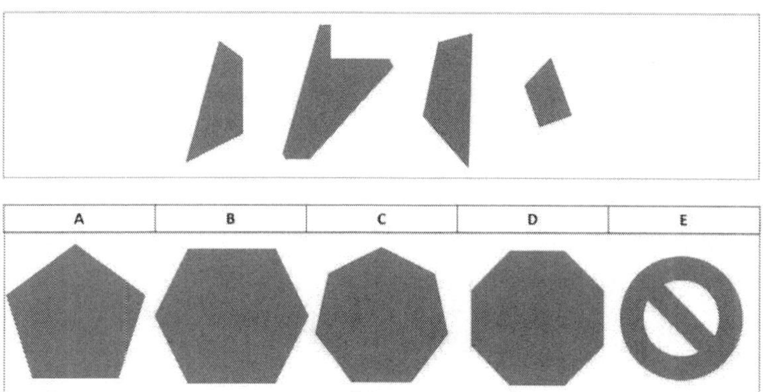

2.

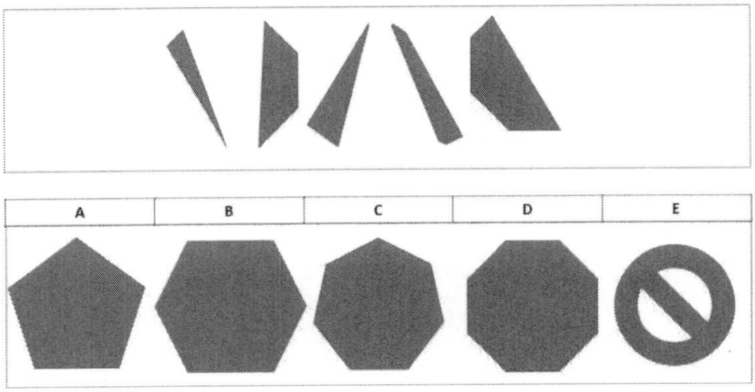

3.

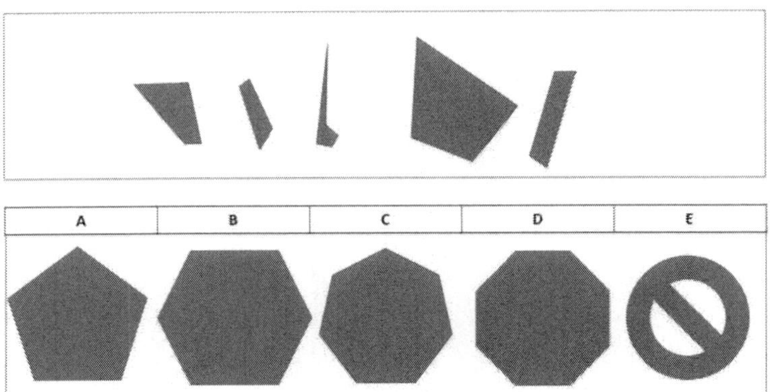

4.

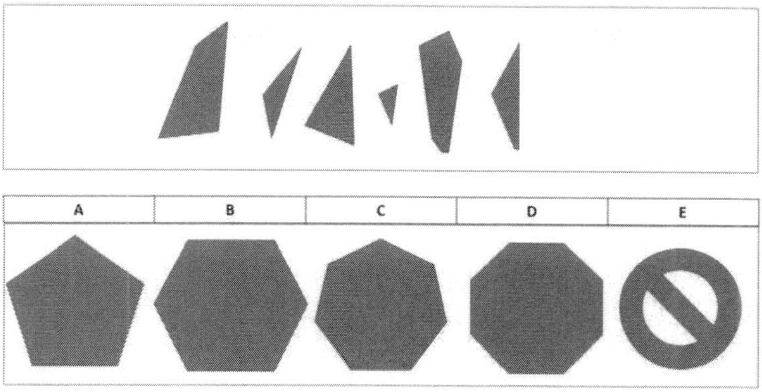

5.

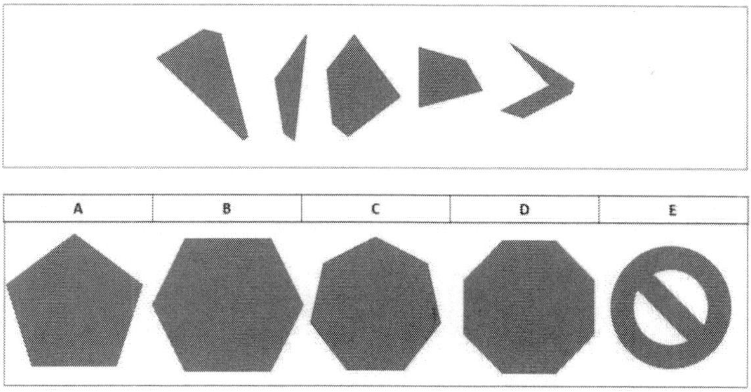

6.

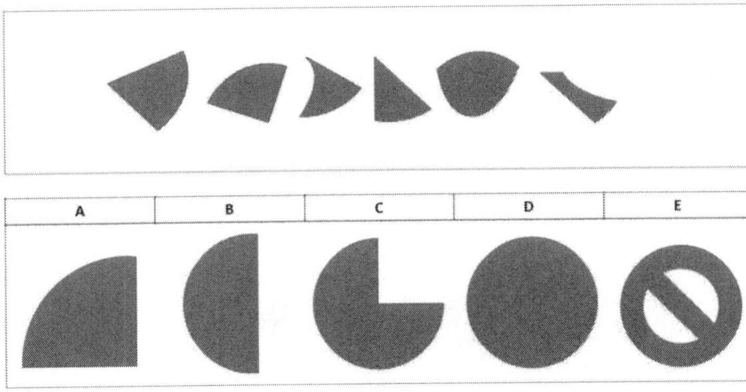

7.

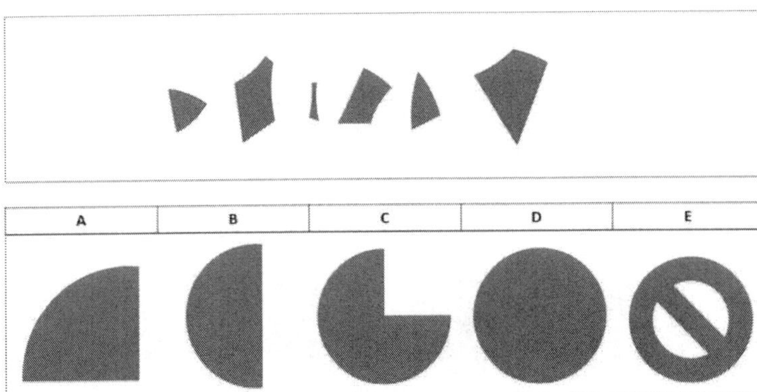

8.

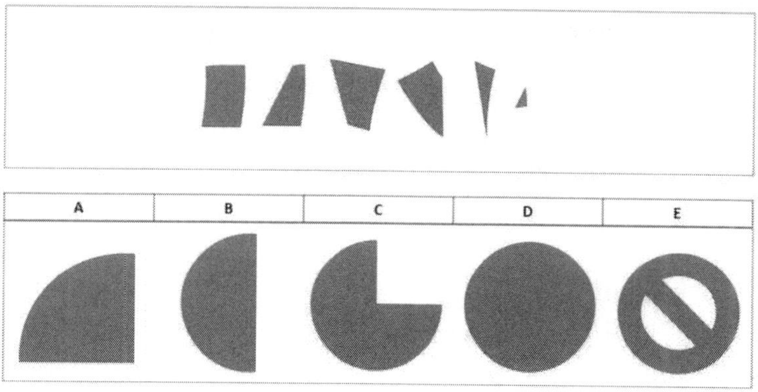

9.

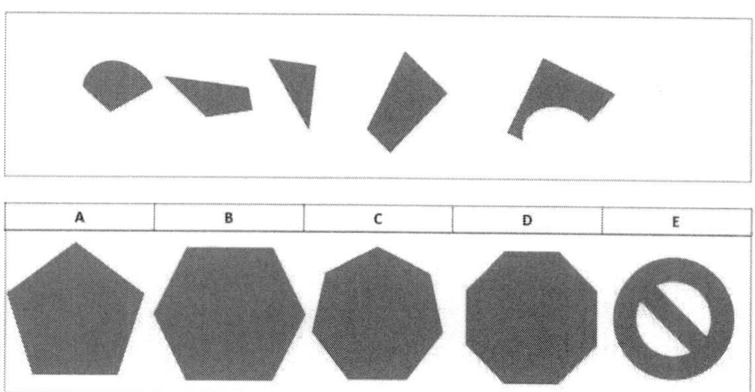

10.

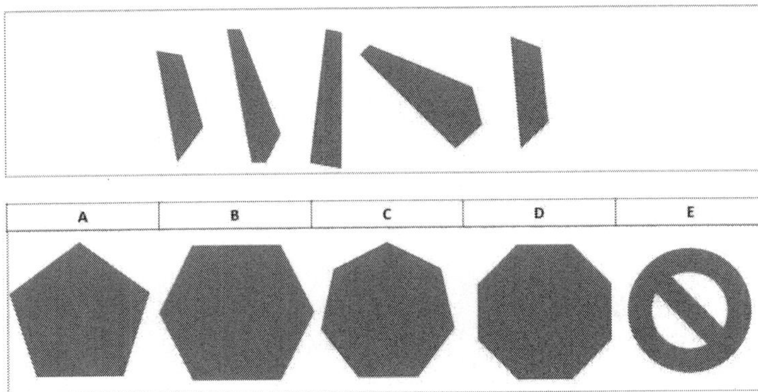

11.

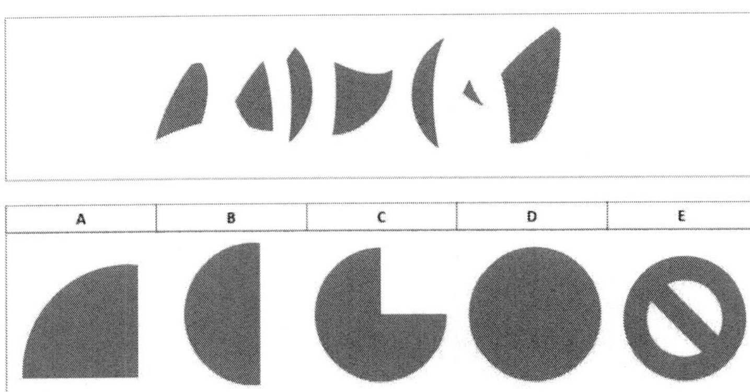

12.

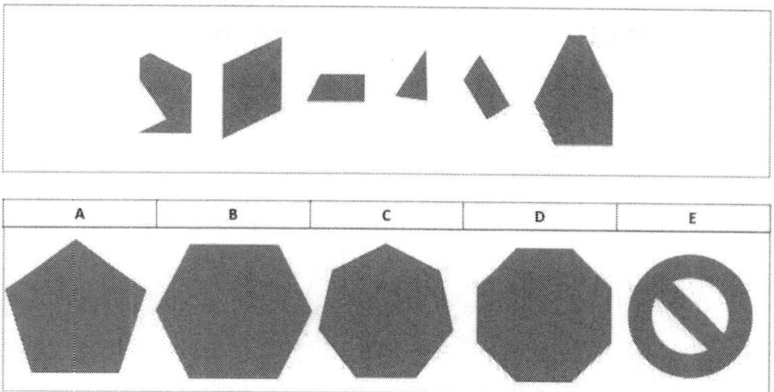

13.

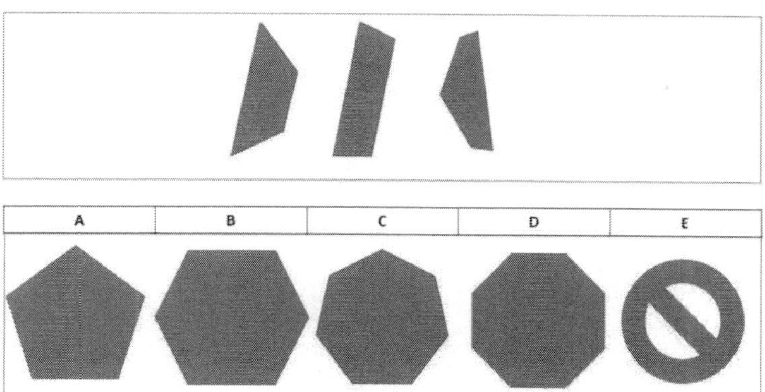

14.

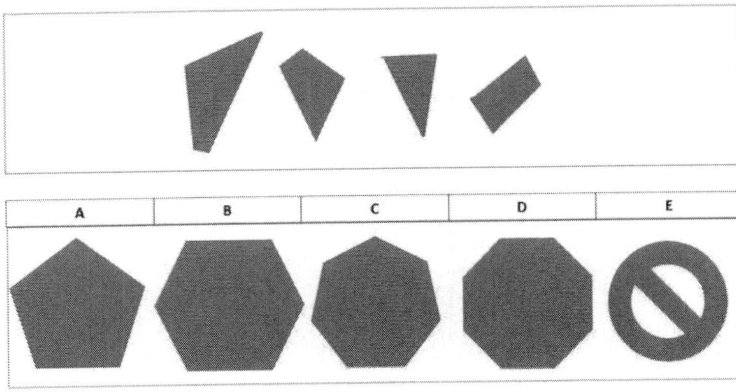

15.

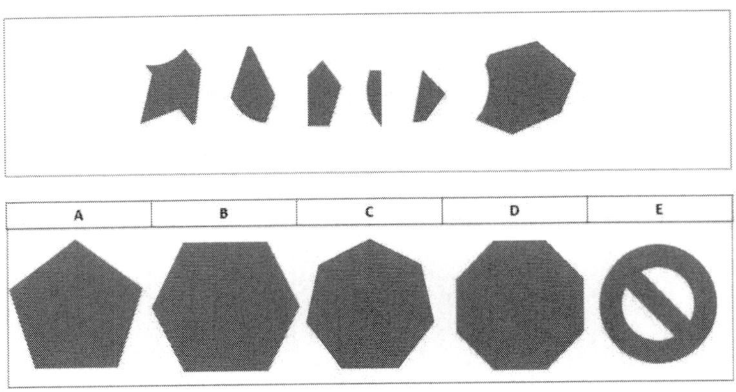

16.

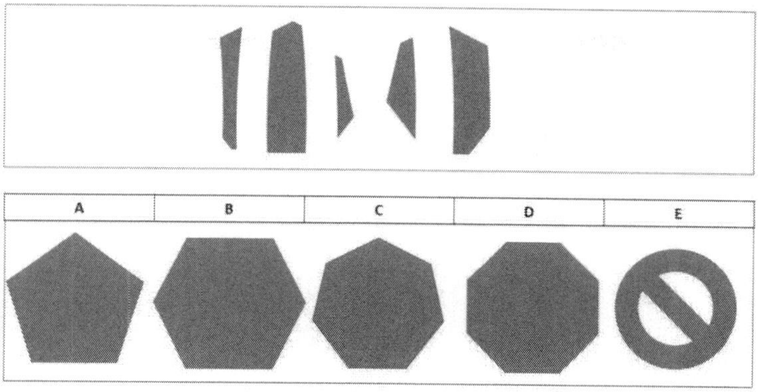

17.

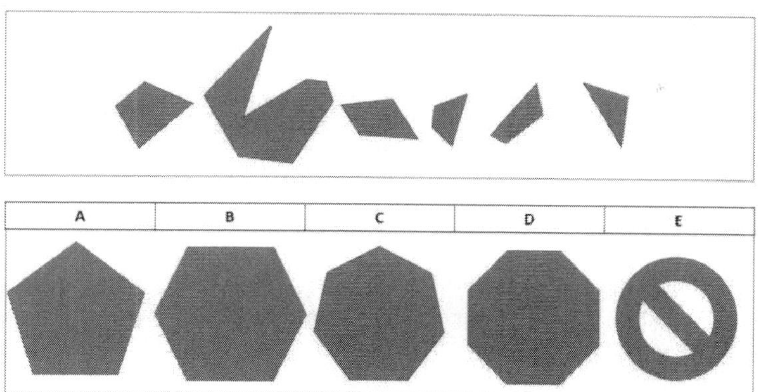

18.

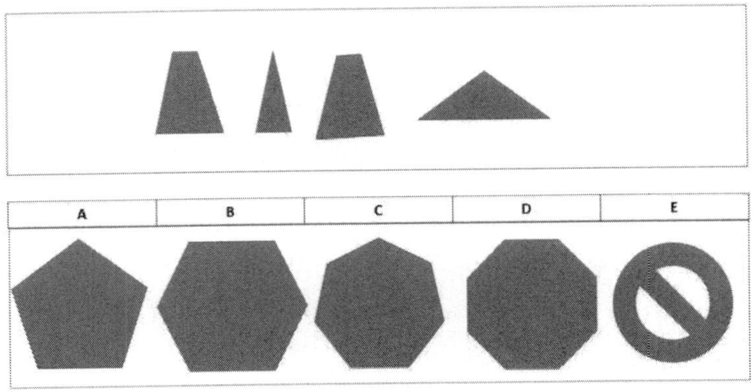

19.

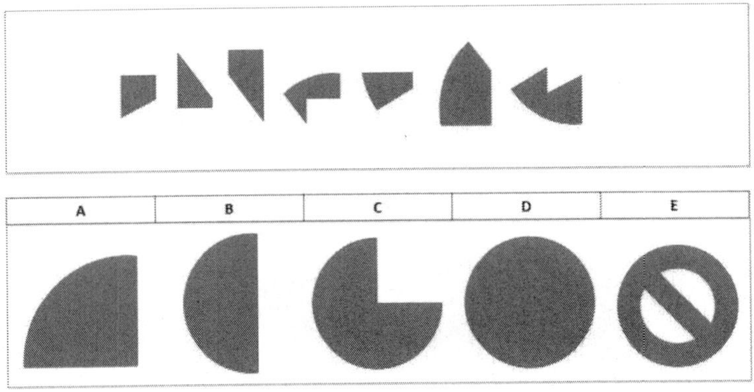

20.

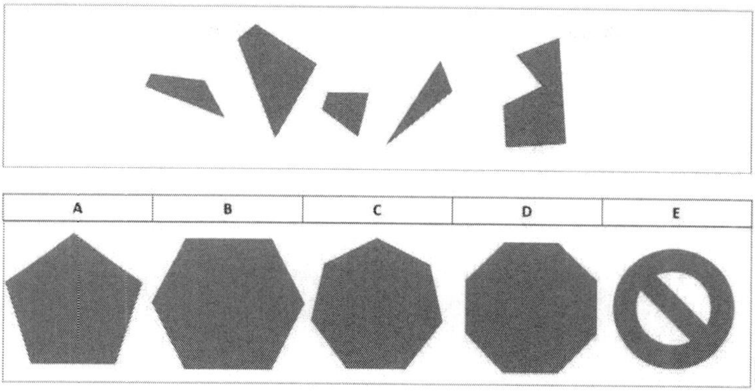

21.

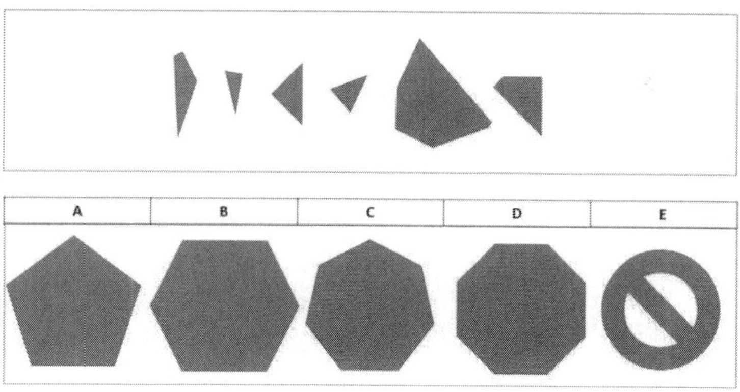

22.

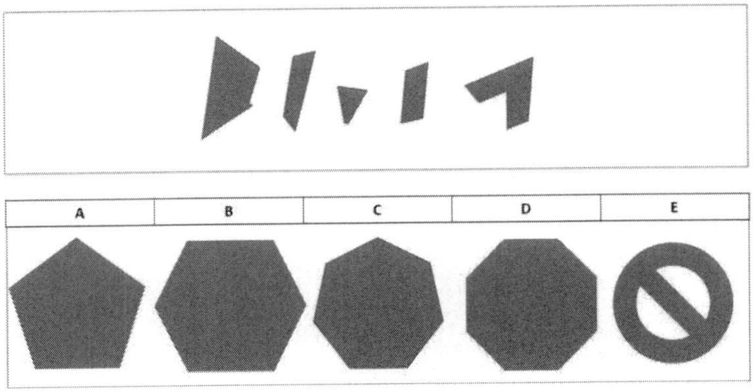

23.

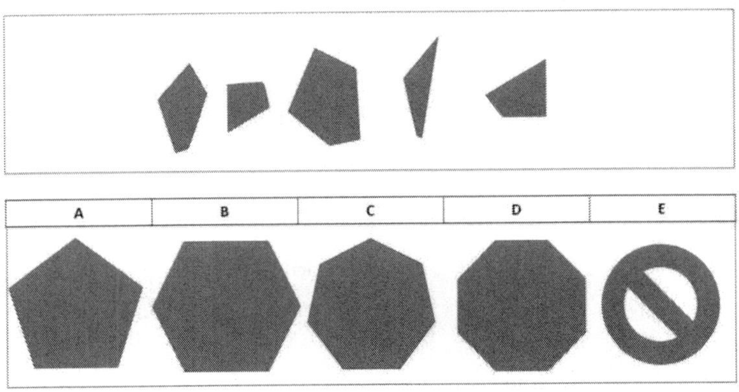

24.

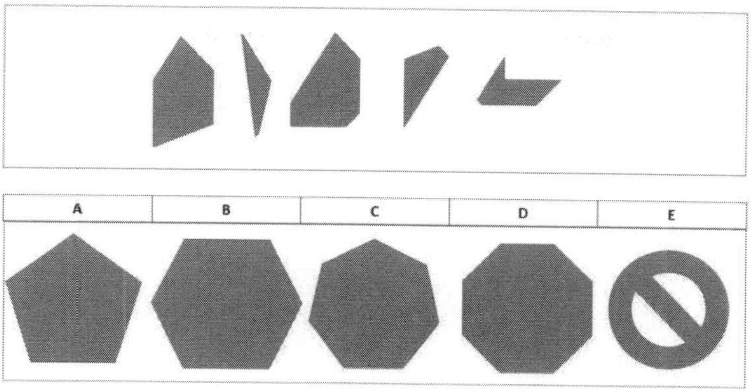

25.

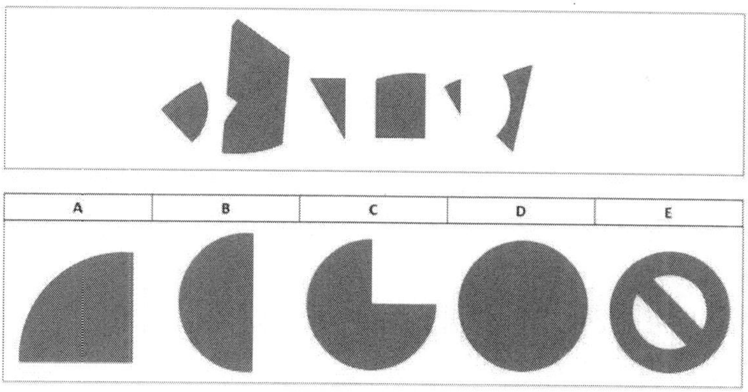

26.

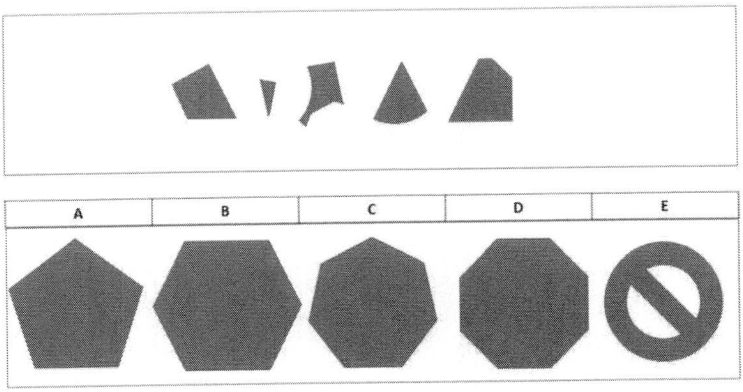

27.

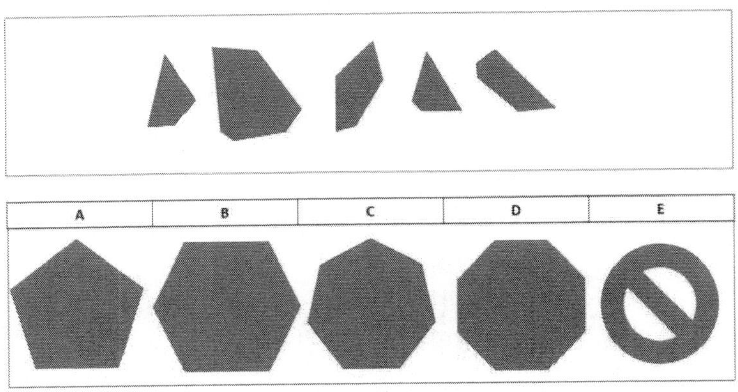

28.

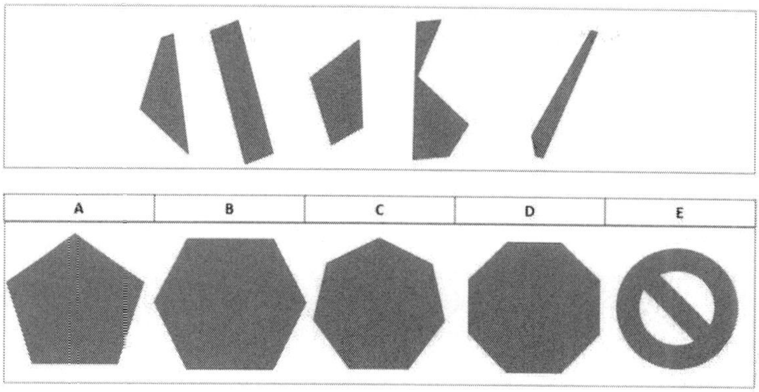

29.

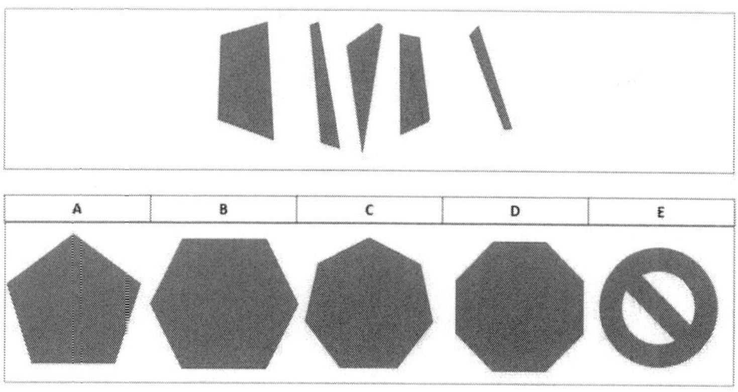

30.

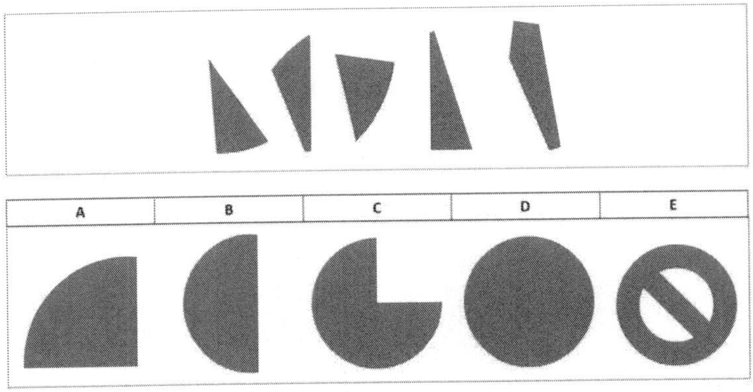

Lösungen: Figuren zusammensetzen

1. B	11. D	21. E
2. D	12. B	22. E
3. A	13. C	23. C
4. C	14. A	24. D
5. D	15. D	25. A
6. D	16. C	26. E
7. E	17. B	27. D
8. E	18. A	28. B
9. A	19. B	29. A
10. B	20. A	30. A

Figurenflächen

Bei dieser Aufgabe musst du sämtliche Flächen eines Körpers beziehungsweise einer Figur zählen. Denke daran, auch die nicht sichtbaren Flächen immer mitzuzählen.

Zeit: **5 Minuten**

1.

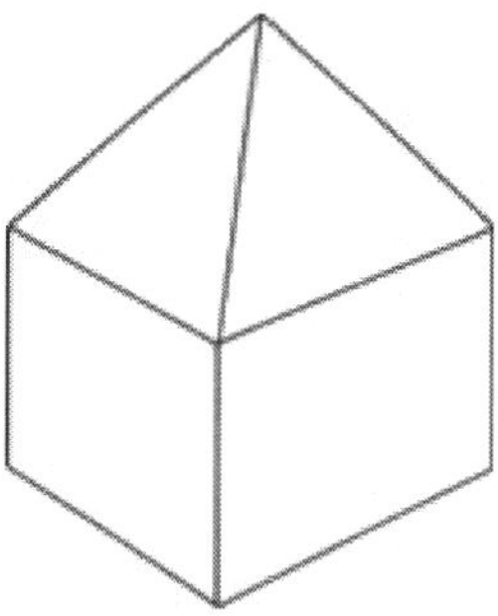

Anzahl der Flächen:

2.

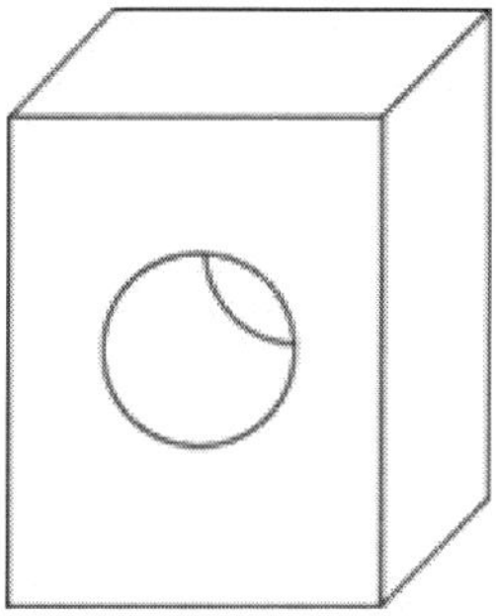

Anzahl der Flächen:

3.

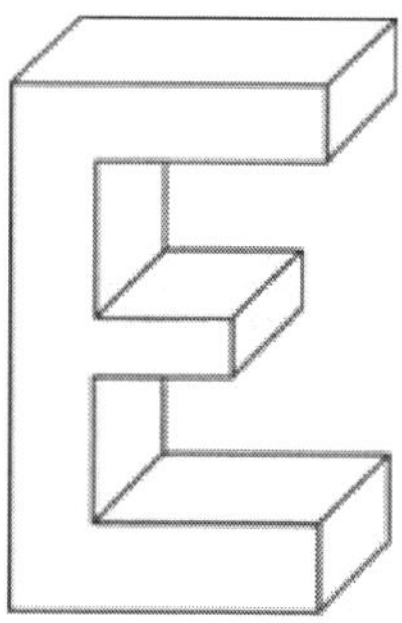

Anzahl der Flächen:

4.

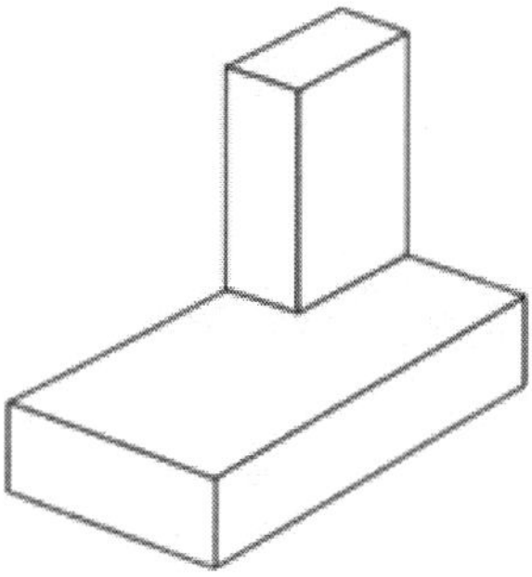

Anzahl der Flächen:

5.

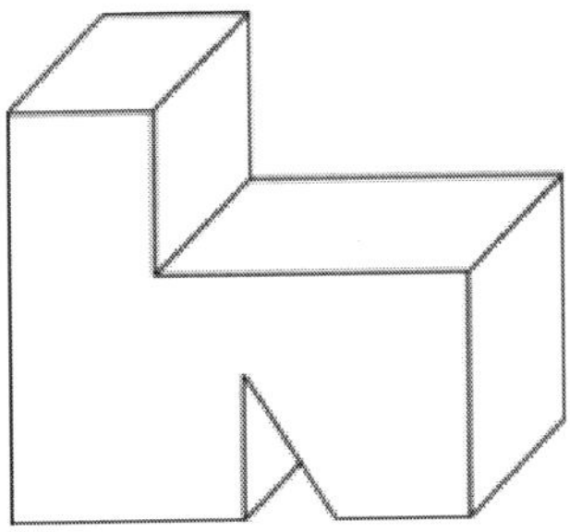

Anzahl der Flächen:

6.

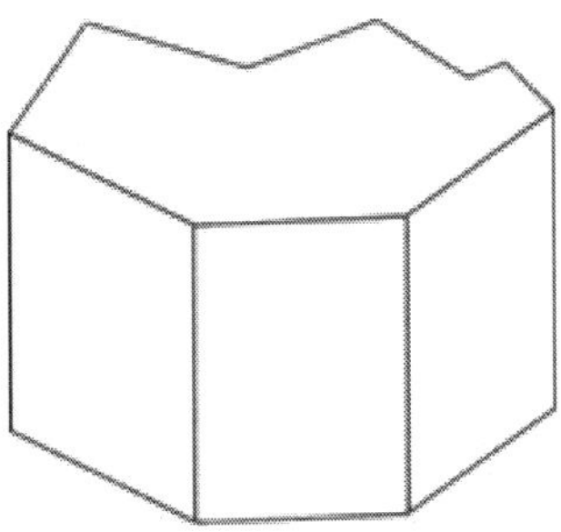

Anzahl der Flächen:

7.

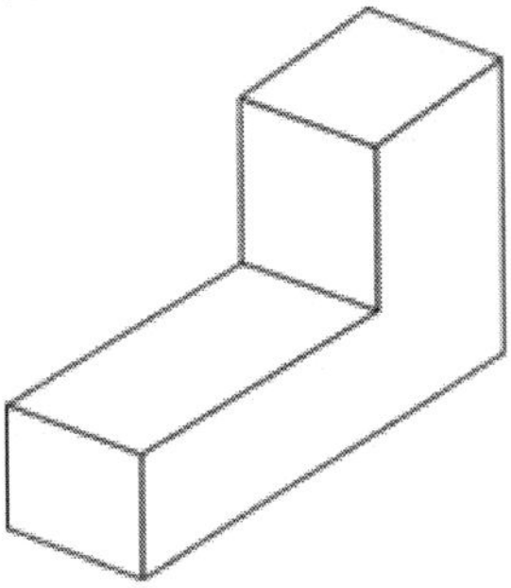

Anzahl der Flächen:

8.

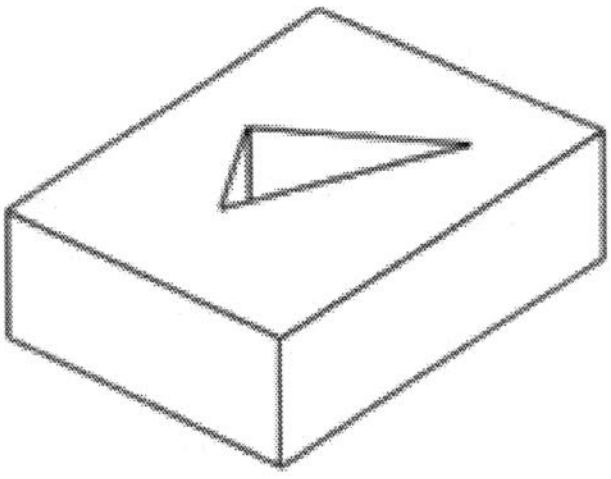

Anzahl der Flächen:

Lösungen:

Zu 1.: 9
Zu 2.: 7
Zu 3.: 14
Zu 4.: 9
Zu 5.: 11
Zu 6.: 11
Zu 7.: 8
Zu 8.: 9

Spiegelungen

Aufgaben mit Spiegelbildern kommen in Einstellungstests häufig vor, um dein räumliches Vorstellungsvermögen zu testen. Du findest fünf Figuren vor, von denen du immer vier durch Drehen zur Deckung bringen bzw. genau übereinanderlegen kannst. Bei einer Figur ist dies nicht möglich – sie wurde gespiegelt und ist also nicht deckungsgleich mit den anderen. Finde die gespiegelte Figur aus der jeweiligen Reihe heraus.

Zeit: **15 Minuten**

	a)	b)	c)	d)	e)
1.	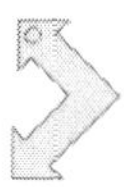	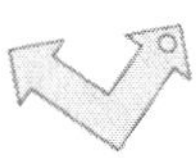		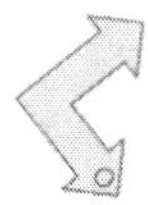	
2.			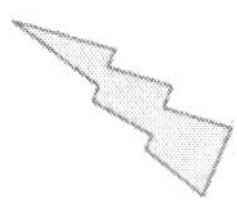		
3.		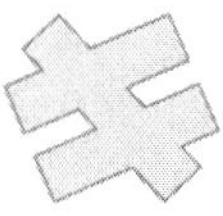		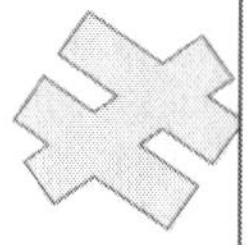	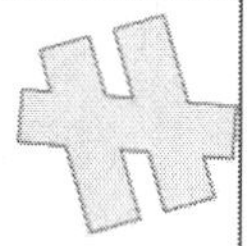
4.					
5.					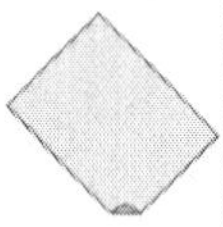

	a)	b)	c)	d)	e)
6.		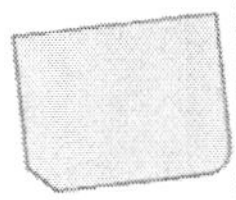	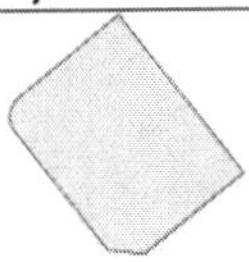		
7.	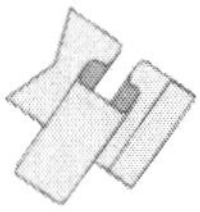	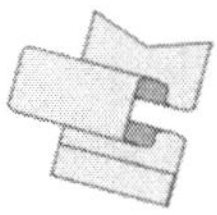	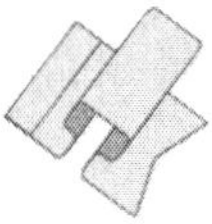	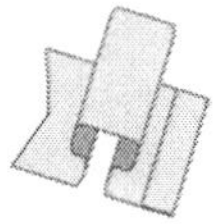	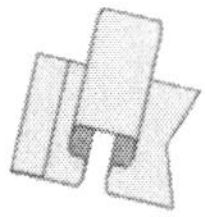
8.	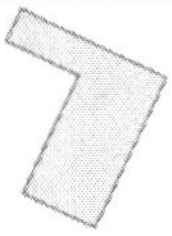	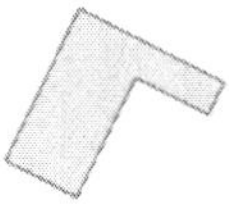		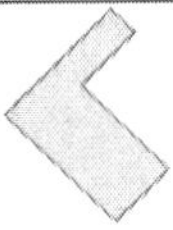	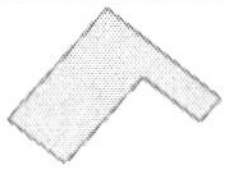
9.		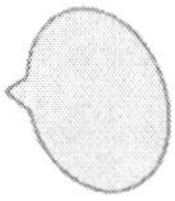	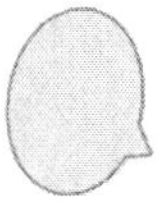		
10.			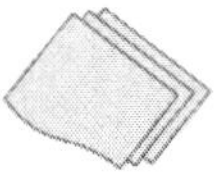	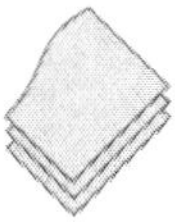	
11.		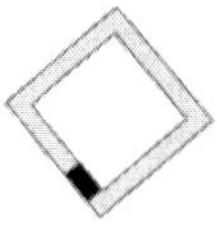	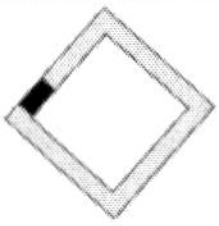	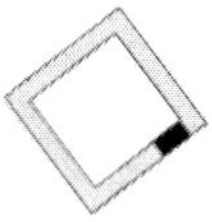	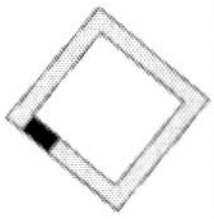
12.					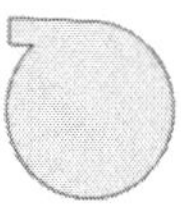

	a)	b)	c)	d)	e)
13.	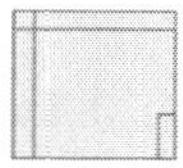		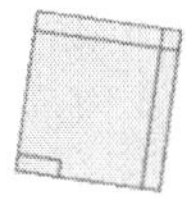	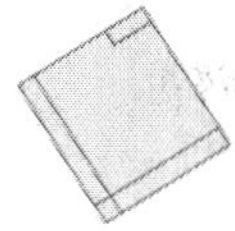	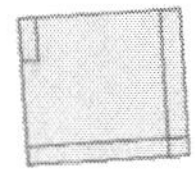
14.		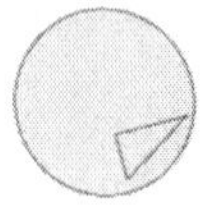	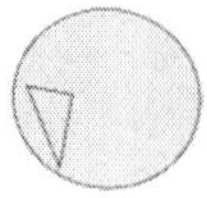	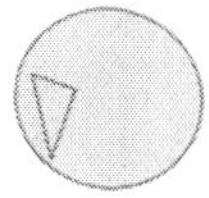	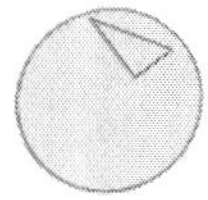
15.					
16.				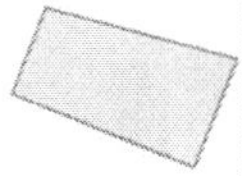	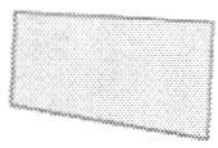
17.		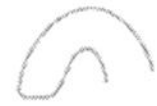			
18.					
19.					

	a)	b)	c)	d)	e)
20.					
21.					
22.					
23.					
24.					
25.					
26.					

	a)	b)	c)	d)	e)
27.					
28.					

Lösungen: Spiegelungen

1. c)	11. e)	21. c)
2. d)	12. d)	22. b)
3. b)	13. b)	23. e)
4. a)	14. a)	24. b)
5. e)	15. b)	25. d)
6. c)	16. e)	26. b)
7. d)	17. a)	27. e)
8. a)	18. d)	28. c)
9. a)	19. e)	
10. a)	20. a)	

Figuren und Matrizen

Figurenreihen und Matrizen sind ein beliebtes Mittel, um die logische Denkfähigkeit zu testen. Dabei müssen Figurenreihen entweder ergänzt oder Fehler in der Reihe aufgedeckt werden. Dabei ist zu beachten, wie die Form der Figuren aufgebaut ist, welche Positionen diese haben und welche Farben verwendet wurden.

1. Welche Figur passt nicht in die Reihe?

1

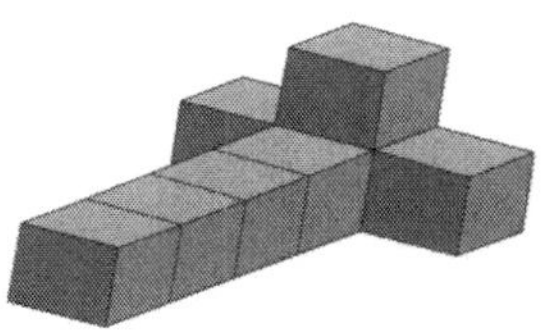

2

3

4

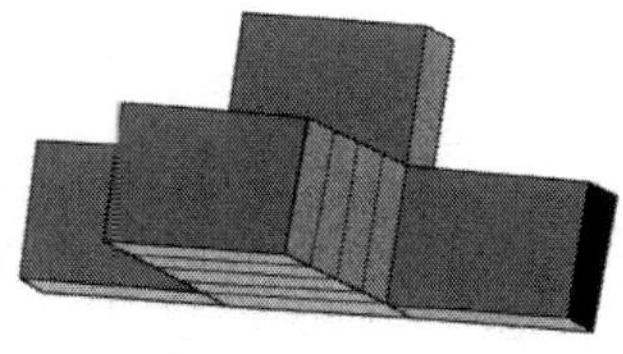

2. Welche Figur passt nicht in die Reihe?

1

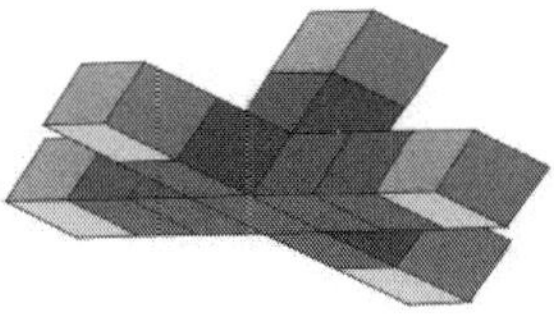

2

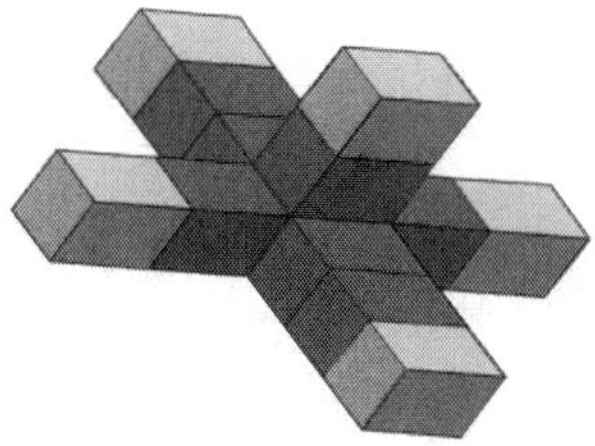

3

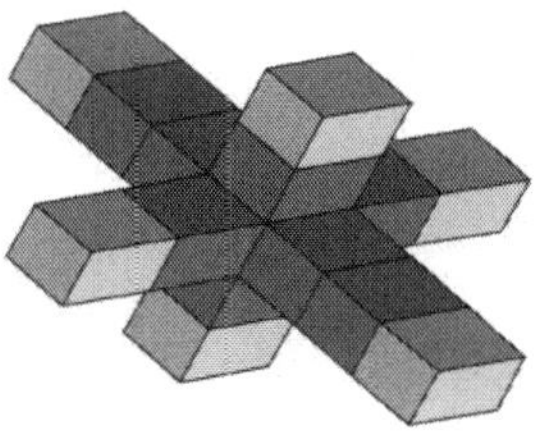

4

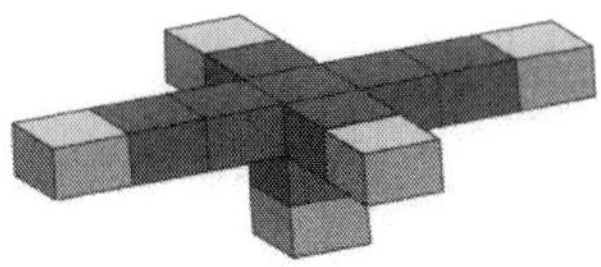

3. Welche Figur passt nicht in die Reihe?

1

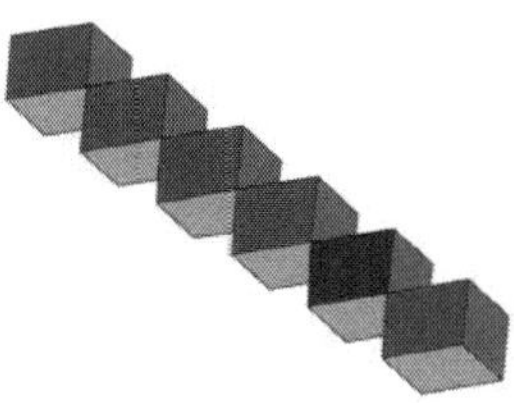

2

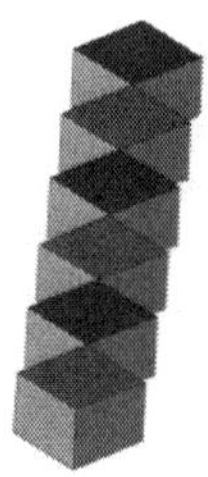

3

4

4. Welche Figur passt nicht in die Reihe?

1

2

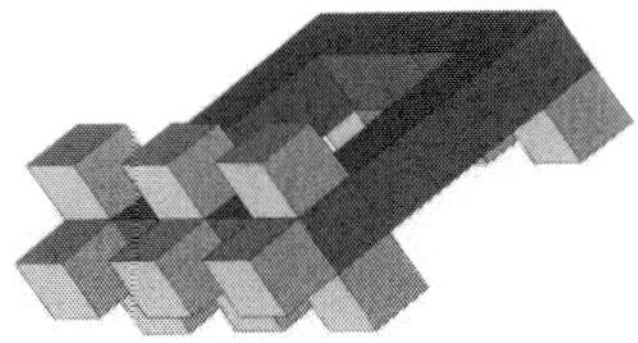

3

4

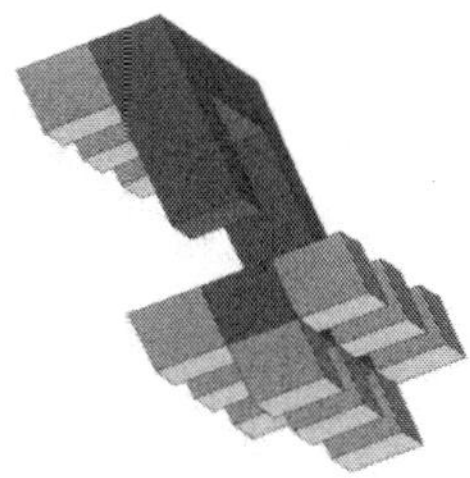

5. Welche Figur passt nicht in die Reihe?

1

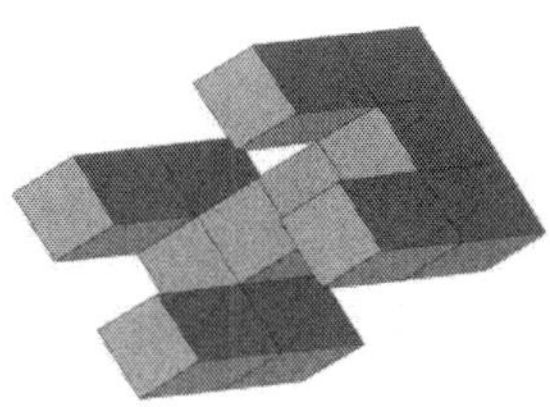

2

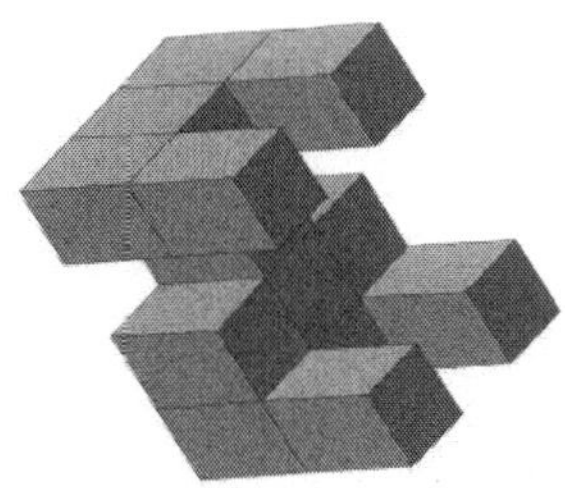

3

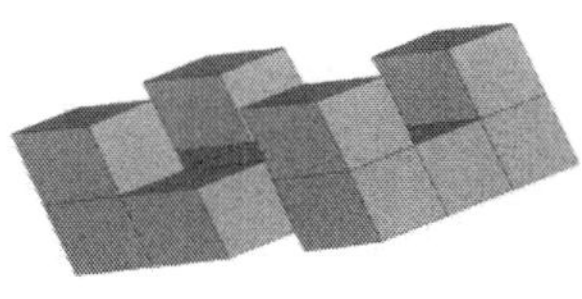

4

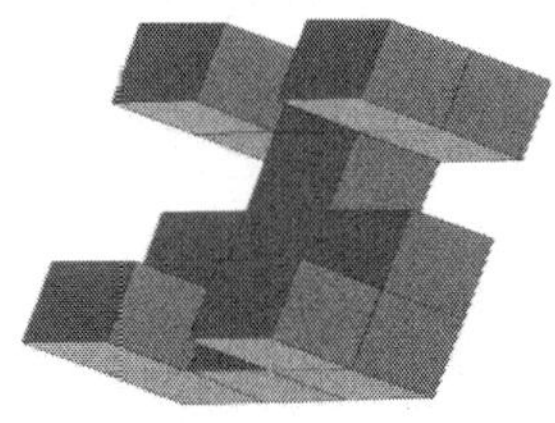

6. Welcher Ausschnitt passt in das leere Feld?

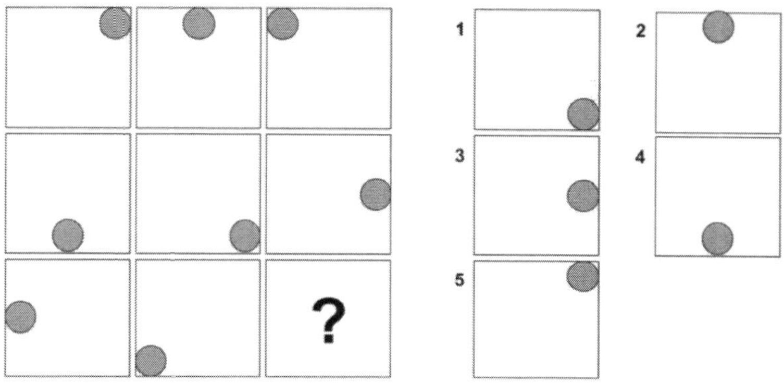

7. Welcher Ausschnitt passt in das leere Feld?

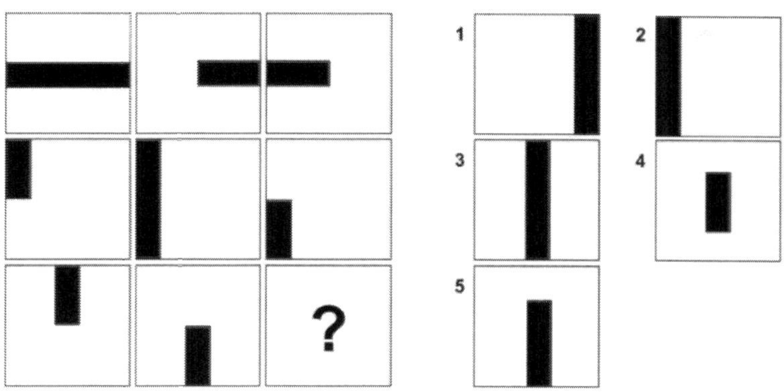

8. Welcher Ausschnitt passt in das leere Feld?

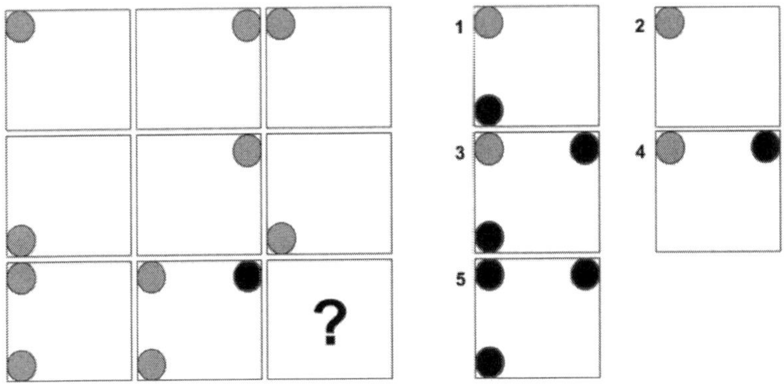

9. Welcher Ausschnitt passt in das leere Feld?

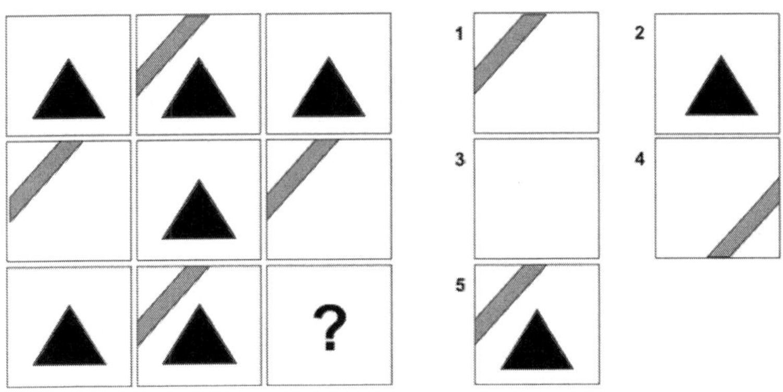

10. Welcher Ausschnitt passt in das leere Feld?

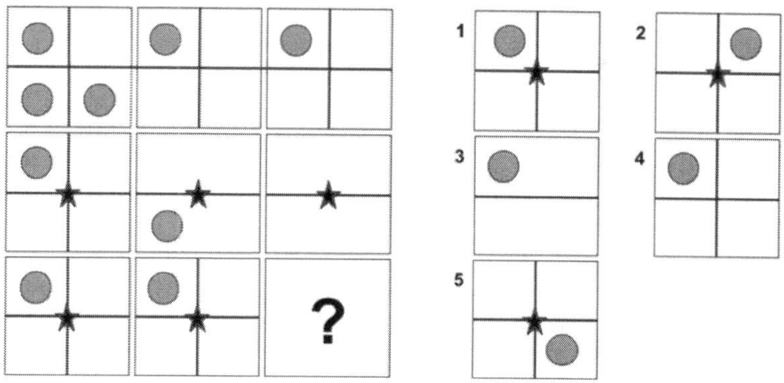

11. Welcher Ausschnitt passt in das leere Feld?

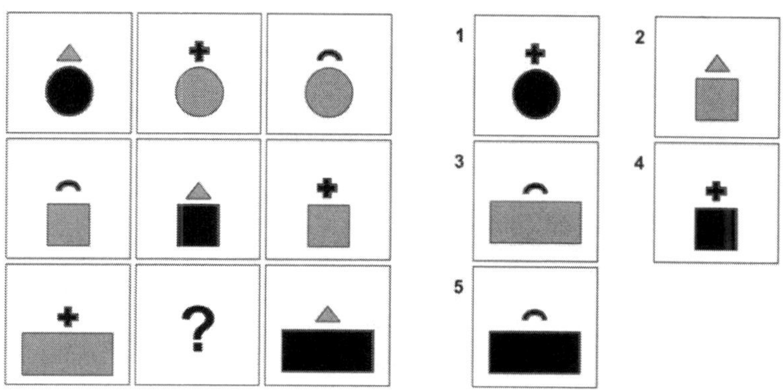

12. Welcher Ausschnitt passt in das leere Feld?

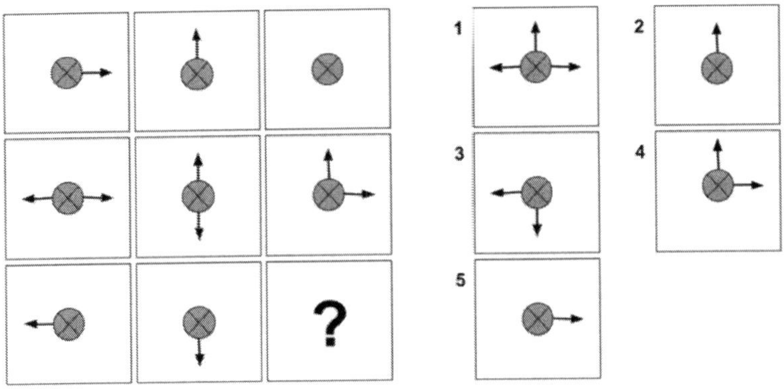

13. Welcher Ausschnitt passt in das leere Feld?

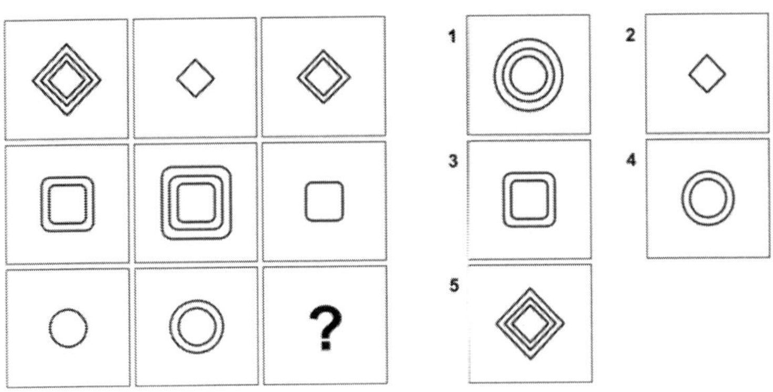

14. Welcher Ausschnitt passt in das leere Feld?

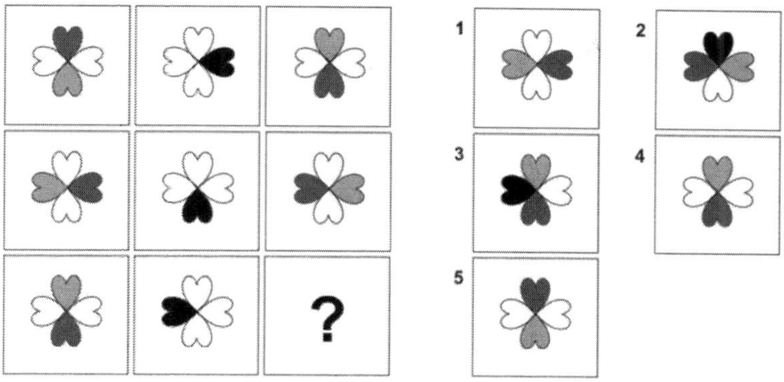

15. Welcher Ausschnitt passt in das leere Feld?

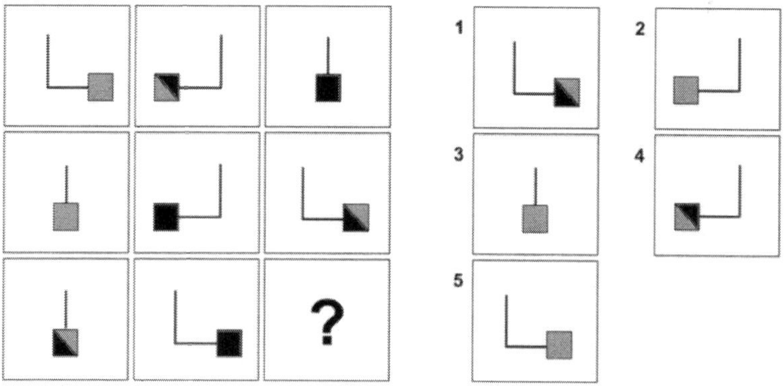

16. Welcher Ausschnitt passt in das leere Feld?

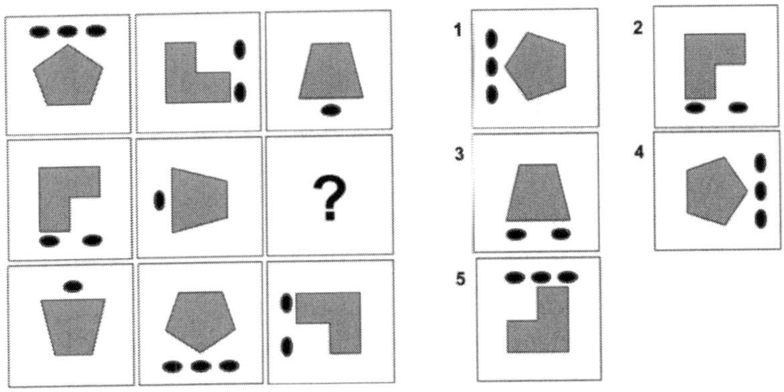

17. Welcher Ausschnitt passt in das leere Feld?

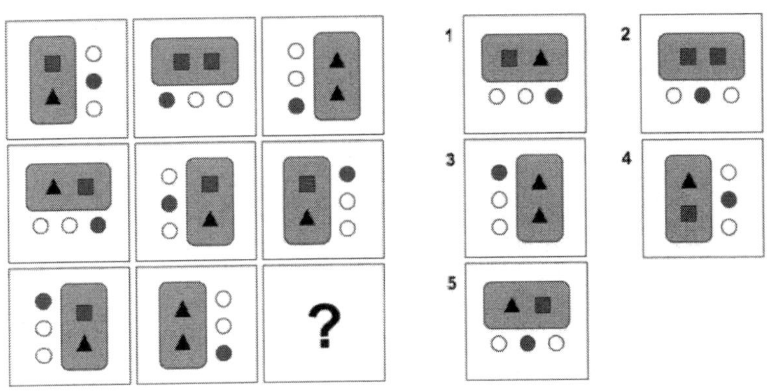

18. Welcher Ausschnitt passt in das leere Feld?

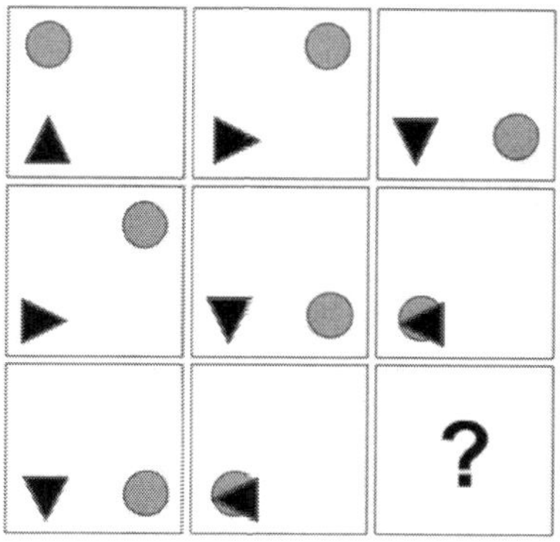

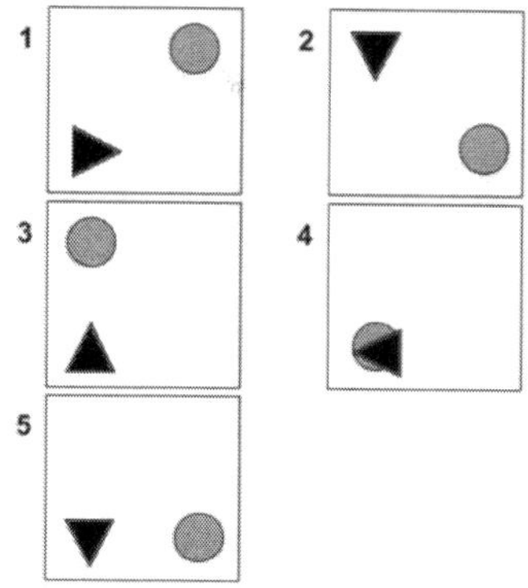

19. Welcher Ausschnitt passt in das leere Feld?

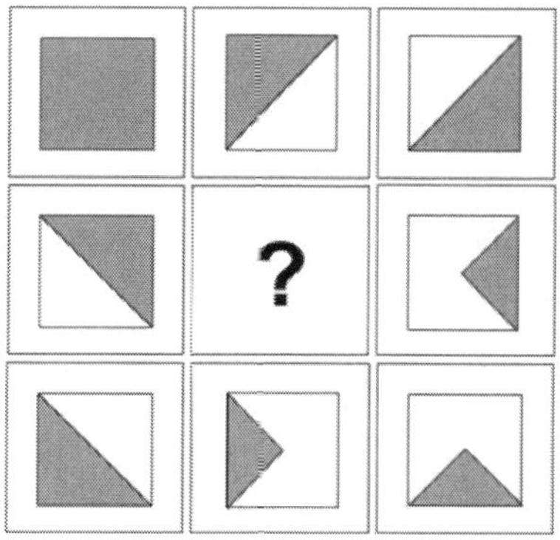

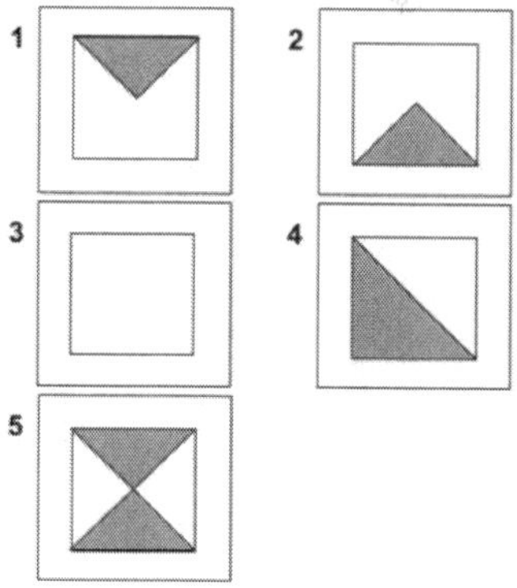

20. Welcher Ausschnitt passt in das leere Feld?

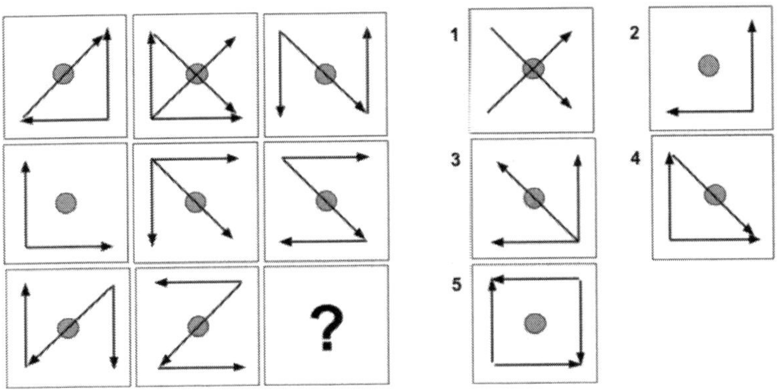

21. Welcher Ausschnitt passt in das leere Feld?

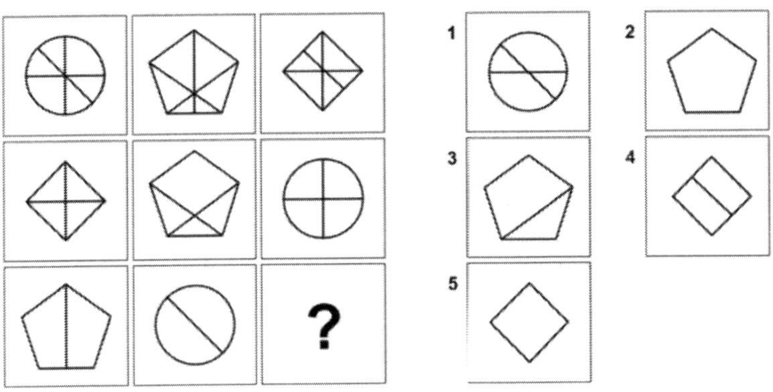

22. Welcher Ausschnitt passt in das leere Feld?

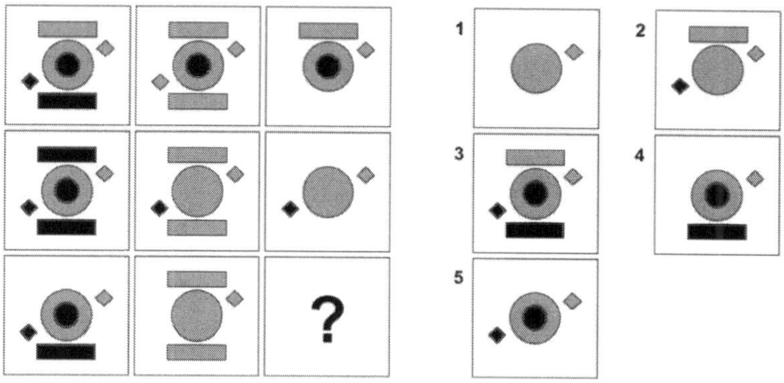

23. Welcher Ausschnitt passt in das leere Feld?

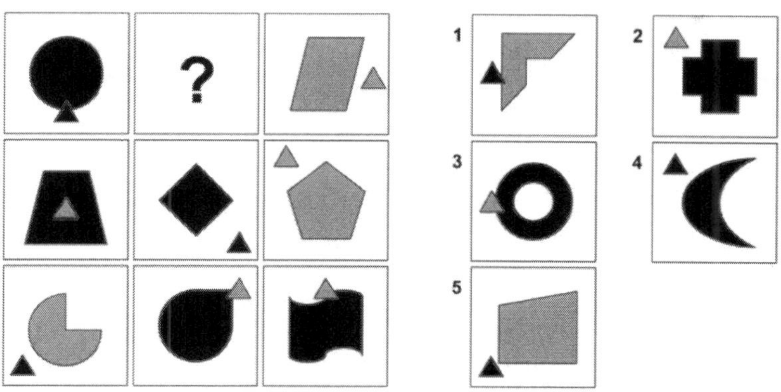

24. Welcher Ausschnitt passt in das leere Feld?

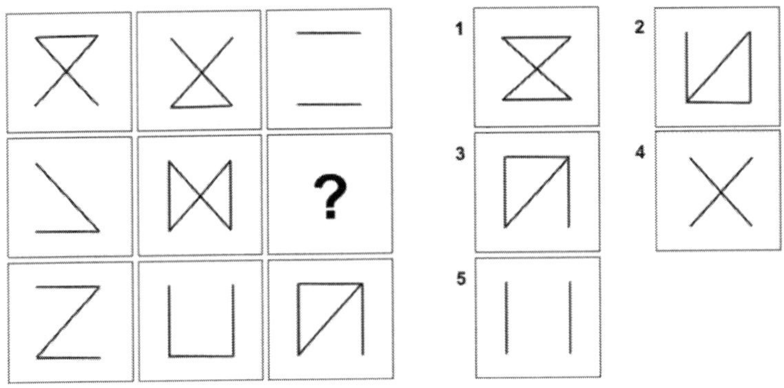

25. Welcher Ausschnitt passt in das leere Feld?

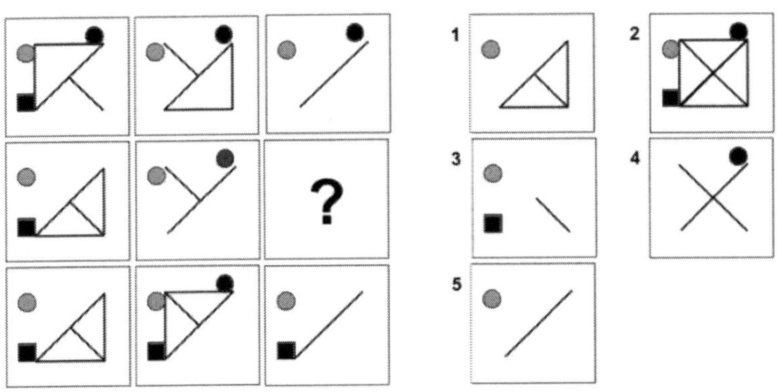

Lösungen: Figuren und Matrizen

1. 4 passt nicht	10. 1 passt	19. 1 passt
2. 3 passt nicht	11. 3 passt	20. 5 passt
3. 1 passt nicht	12. 4 passt	21. 4 passt
4. 1 passt nicht	13. 1 passt	22. 1 passt
5. 1 passt nicht	14. 5 passt	23. 3 passt
6. 4 passt	15. 2 passt	24. 2 passt
7. 3 passt	16. 4 passt	25. 5 passt
8. 5 passt	17. 2 passt	
9. 2 passt	18. 3 passt	

Zu 6.: 4. Es ist jede Zeile waagrecht zu betrachten. Die Kreise bewegen sich dabei gegen den Uhrzeigersinn eine Position weiter.

Zu 7.: 3. In den waagrechten Reihen ergeben die jeweils zwei kürzeren Striche zusammengesetzt die dritte Figur.

Zu 8.: 5. Das unterste Kästchen der ersten Spalte ergibt sich aus der Kombination der zwei darüber. Das unterste Kästchen der zweiten Spalte setzt sich ebenfalls aus den zwei darüber liegenden zusammen. Dabei überlappen sich zwei graue Kreise und ändern dadurch die Farbe zu schwarz. Zudem wird das unterste Kästchen der ersten Spalte hinzugefügt. Somit ergibt sich das gesuchte Kästchen aus den zwei darüberliegenden und den zwei links davon liegenden Kästchen. Auch hier färben sich überlappende Kreise schwarz.

Zu 9.: 2. Das mittlere Kästchen ist jeweils umgeben von identischen Figuren.

Zu 10.: 1. Die dritte Figur in der letzten Spalte setzt sich aus den Elementen der ersten beiden zusammen. Nur gemeinsame Elemente werden übernommen.

Zu 11.: 3. Horizontal ist in jeder Reihe die untere Figur gleich, davon zwei grau und eine schwarz. Das obere kleine Symbol muss in jeder horizontalen Reihe je einmal vorkommen.

Zu 12.: 4. Das Symbol der mittleren Reihe ergibt sich jeweils aus der Kombination des Kästchens darüber und darunter.

Zu 13.: 1. In jeder horizontalen Reihe muss die Figur jeweils ein-, zwei- und dreischichtig abgebildet sein.

Zu 14.: 5. Das Symbol wird in der vertikalen Reihe schrittweise jeweils um 90° im Uhrzeigersinn gedreht.

Zu 15.: 2. In jeder horizontalen Reihe muss eine Figur links, rechts und mittig angeordnet sein. Dabei soll eine schwarze, graue und schwarz-graue Figur vorkommen.

Zu 16.: 4. Jede Figur wird schrittweise pro Reihe um 90° im Uhrzeigersinn gedreht und muss je einmal vorkommen.

Zu 17.: 2. In jeder Reihe – egal ob horizontal oder vertikal – muss immer je einmal der kleine Kreis rechts, links und mittig dunkelgrau sein. Außerdem müssen entweder alle drei Figuren einer Reihe ein schwarzes Dreieck und ein dunkelgraues Viereck haben oder eines aus zwei schwarzen Dreiecken, eines aus zwei dunkelgrauen Vierecken und ein gemischtes vorhanden sein. Das ganze Gebilde muss zudem je Reihe nach rechts, links und unten ausgerichtet sein.

Zu 18: 3. Der hellgraue Kreis rotiert pro Figur jeweils von Ecke zu Ecke im Uhrzeigersinn. Das schwarze Dreieck bleibt dabei fest in einer Ecke und dreht sich jeweils um sich selbst um 90° im Uhrzeigersinn.

Zu 19.: 1. Zwei Figuren einer Reihe ergeben zusammengesetzt die dritte.

Zu 20.: 5. Die Figuren in der dritten Spalte ergeben sich durch das Zusammensetzen der zwei Figuren davor. Dabei werden sich überlappende Linien bzw. Pfeile gestrichen und nur die sich nicht überschneidenden Linien bleiben erhalten.

Zu 21.: 4. In jeder waagrechten Reihe befinden sich je ein Kreis, ein Quadrat und ein Fünfeck. Mit jeder Reihe nach unten nimmt die Anzahl der Striche ab – drei, zwei und zuletzt ein Strich.

Zu 22.: 1. Die dritte Figur in jeder Zeile setzt sich aus den Elementen der ersten beiden zusammen. Übernommen werden jedoch nur gemeinsame Elemente.

Zu 23.: 3. Die kleinen Dreiecke gehen alle Positionen im Kasten einmal durch – die einzige Position, die fehlt, ist mittig links. Dabei befinden sich in jeder waagrechten Seite zwei graue und ein schwarzes kleines Dreieck. Von den großen Figuren sind jeweils zwei schwarz und eine grau.

Zu 24.: 2. Die dritte Figur in jeder Zeile setzt sich aus den Elementen der ersten beiden zusammen. Gemeinsame Elemente werden jedoch nicht übernommen.

Zu 25: 5. Die dritte Figur in der letzten Spalte setzt sich aus den Elementen der ersten beiden zusammen. Nur gemeinsame Elemente werden übernommen.

Würfeldrehen

Bei dieser Aufgabe erhältst du jeweils einen Würfel. Wähle aus fünf Vorlagen den Würfel, der zu der abgebildeten Ausgangsformation passt. Markiere den Buchstaben mit der korrekten Lösung. Zeit: **5 Minuten**

1.

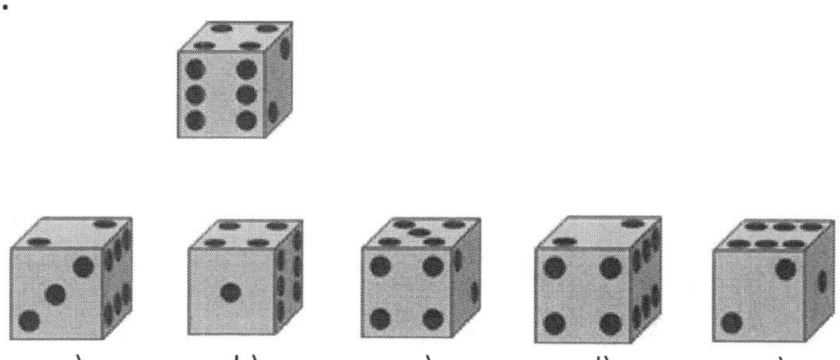

a) b) c) d) e)

2.

a) b) c) d) e)

3.

a) b) c) d) e)

4.

a) b) c) d) e)

5.

a)

b)

c)

d)

e)

6.

a)

b)

c)

d)

e)

Lösungen: Würfeldrehen

Zu 1.: d) Den Würfel links kippen und 90° im Uhrzeigersinn drehen.

Zu 2.: e) Den Würfel nach vorne kippen.

Zu 3.: b) Den Würfel 90° gegen den Uhrzeigersinn drehen und nach hinten kippen.

Zu 4.: c) Den Würfel nach vorne kippen und 90° im Uhrzeigersinn drehen.

Zu 5.: a) Den Würfel zweimal nach rechts kippen.

Zu 6. c) Den Würfel 90° gegen den Uhrzeigersinn drehen und nach hinten kippen.

9.4 Numerische Intelligenz

Im Bereich der numerischen Intelligenz wird dein Geschick im logischen Umgang mit Zahlen getestet. Dieser Testbereich wird in den Auswahlverfahren nahezu aller Bundesländer und Dienstgrade abgeprüft.

Dreisatz

Der Dreisatz (auch Verhältnisgleichung genannt) ist ein Lösungsverfahren, um in den meisten Fällen aus drei gegebenen Werten eines Verhältnisses den unbekannten vierten Wert zu berechnen. Dabei unterscheidet man bei der Schwierigkeit der Aufgaben zwischen einem einfachen Dreisatz (je mehr A, desto mehr B), umgekehrten Dreisatz (Je mehr A, desto weniger B) und zusammengesetzten Dreisatz (beispielsweise je mehr A und je weniger B, desto mehr C).

Das genaue Ergebnis lässt sich bei manchen Dreisatzaufgaben schwer im Kopf berechnen. Versuche also im Zweifelsfall das Ergebnis abzuschätzen oder nimm dir einen Zettel und einen Stift zur Hilfe.

Beispiel
Das folgende Beispiel soll dir helfen, die Vorgehensweise zur Lösung von Dreisatzaufgaben ins Gedächtnis zu rufen:

Beispielaufgabe: Drei Hamburger kosten neun Euro. Wie viel kosten vier Hamburger?

Meistens wird bei Dreisatzaufgaben versucht, zunächst den Wert für eine Sache zu berechnen. In diesem Fall also der Preis für einen Hamburger.

Da drei Hamburger neun Euro kosten, berechnen wir 9 Euro ÷ 3 Hamburger = 3 Euro pro Hamburger. Ein Hamburger kostet also 3 Euro.

Da an der Stelle nach vier Hamburgern gefragt ist, berechnen wir: 4 × 3 Euro = 12 Euro. Vier Hamburger kosten also 12 Euro.

Zeit: **20 Minuten**

1. Anlässlich des Firmenjubiläums von sechs Mitarbeitern, welche zusammen 60 Jahre bei dieser Firma arbeiten, erhalten diese eine Prämie von insgesamt 1.200 Euro. Die Prämie errechnet sich nach der Anzahl der Dienstjahre. Karim Schuster wird nächstes Jahr sein 15-jähriges Jubiläum erreichen und überlegt, ob er mit der Prämie seinen Jahresurlaub zahlen kann, der 540 Euro kosten wird. Kann er das?
a) Ja, er kann den Urlaub mit der Prämie zahlen.
b) Nein, er kann den Urlaub nicht mit der Prämie zahlen.
c) Ja, es bleibt sogar noch was für Cocktails übrig.
d) Ja, wenn er noch 80 Euro dazuzahlt.

2. Eine Belegschaft von zwölf Arbeitern hat in je acht Stunden an sieben Tagen 390.000 Federn produziert. Über einen Zeitraum von 16 Tagen sollen 2.340.000 Federn produziert werden. Wie viele Arbeiter werden am Band benötigt, wenn acht Stunden am Tag gearbeitet wird?
a) unter 20 Arbeiter
b) zwischen 20 und 29 Arbeiter
c) zwischen 30 und 36 Arbeiter
d) mehr als 36 Arbeiter

3. Zwei Pumpen füllen in sechseinhalb Stunden einen Pool, welcher 13.000 Liter fasst. Für einen Pool, der 21.000 Liter fasst, werden drei dieser Pumpen verwendet. Wie lange benötigen diese Pumpen, um den Pool zu füllen?
a) vier Stunden
b) fünf Stunden
c) sechs Stunden
d) sieben Stunden

4. Hans möchte Rindfleisch kaufen. 450 g kosten 13,50 Euro. Was kostet ein Kilogramm Rindfleisch?
a) 28 Euro
b) 27 Euro
c) 45 Euro
d) 30 Euro

5. Für die Vorbereitungen auf einen Tornado stattet Familie Frisch ihren Bunker aus. Vor einigen Jahren ist das Ehepaar mit neun Konserven und zwölf Litern Wasser für drei Tage ausgekommen. Mittlerweile hat das Ehepaar zwei Kinder und möchte sich im Notfall für fünf Tage versorgen können. Wie viele Konserven und wie viel Liter Wasser sollte die Familie in den Bunker bringen, wenn jede Person die gleiche Menge verbraucht?
a) zehn Konserven und 15 Liter Wasser
b) 15 Konserven und 25 Liter Wasser
c) 20 Konserven und 30 Liter Wasser
d) 30 Konserven und 40 Liter Wasser

6. Aus drei Brunnen können maximal 24 Familien mit Wasser versorgt werden. Wie viele Familien können aus 20 Brunnen mit Wasser versorgt werden?
a) 160 Familien
b) 140 Familien
c) 120 Familien
d) 150 Familien

7. Ein Weizenfeld wird von fünf Mähdreschern in neun Tagen bestellt. Wie lange brauchen 15 Mähdrescher dafür?
a) drei Tage
b) vier Tage
c) fünf Tage
d) sechs Tage

8. Zwei Maurer brauchen 48 Stunden, um eine Mauer hochzuziehen. Wie viele Stunden benötigen sechs Maurer für die gleiche Arbeit?
a) zehn Stunden
b) 16 Stunden
c) 18 Stunden
d) 24 Stunden

9. Mona ist 24 Kilometer gefahren und hat 1,2 Liter Benzin verbraucht. Wie viel Liter verbraucht sie auf 100 Kilometern?
a) zehn Liter
b) fünf Liter

c) acht Liter
d) 2,4 Liter

10. Um ein Waldstück von 80.000 Quadratmetern abzusuchen, benötigen zehn Polizisten 40 Stunden. Wie lange benötigen fünf Polizisten für eine Fläche von 50.000 Quadratmetern?
a) 25 Stunden
b) 50 Stunden
c) 80 Stunden
d) 100 Stunden

11. Für die Strecke von der Polizeiwache zum Einsatzort benötigt der Fahrer 24 Minuten bei der zulässigen Höchstgeschwindigkeit von 80 km/h. Mit Blaulicht kann er etwa 40 km/h schneller fahren. Wie lange benötigt er für die Strecke, wenn er das Blaulicht verwendet?
a) vier Minuten
b) 16 Minuten
c) 20 Minuten
d) 48 Minuten

12. Für die Fertigstellung eines Rohbaus von einem neuen Gebäudeteil benötigen vier Bauarbeiter, die täglich sieben Stunden arbeiten, 20 Tage. Ein Maurer hatte einen Arbeitsunfall. Die übrigen Bauarbeiter können den Verlust etwas kompensieren, indem sie täglich eine Stunde länger arbeiten, also acht Stunden am Tag. Wie viele Tage dauert es nun, bis der neue Gebäudeteil fertiggestellt wird?
a) zirka 20 Tage
b) zirka 21 Tage
c) zirka 23 Tage
d) zirka 33 Tage

13. Zwei Fliesenleger benötigen für das Fliesen einer 32 Quadratmeter großen Garage vier Stunden. Wie lange brauchen fünf Fliesenleger für 40 Quadratmeter?
a) fünf Stunden
b) vier Stunden
c) drei Stunden
d) zwei Stunden

14. Um eine Mauer von 32 Quadratmeter zu ziehen, brauchen zwei Maurer vier Stunden. Wie lange brauchen drei Maurer für eine 144 Quadratmeter Mauer?
a) zehn Stunden
b) elf Stunden
c) zwölf Stunden
d) 15 Stunden

15. Für eine Strecke benötigt man neun Stunden bei einer Geschwindigkeit von 80 km/h. Wie hoch muss die Geschwindigkeit sein, wenn man diese Strecke in sechs Stunden schaffen möchte?
a) 90 km/h
b) 100 km/h
c) 110 km/h
d) 120 km/h

16. Ein leitender Angestellter möchte vom Unternehmen ein Geschäftsauto gestellt bekommen. Er muss allerdings ein Prozent des Kaufwertes monatlich versteuern. Wie viel Euro muss er im Jahr zusätzlich versteuern, wenn das Geschäftsauto 32.000 Euro kostet?
a) 8.340 Euro
b) 3.840 Euro
c) 320 Euro
d) 3.200 Euro

17. Ein Polizeiauto verbraucht auf 100 Kilometer etwa neun Liter Benzin. Wie viel Benzin benötigt dieses Auto für 350 Kilometer?
a) 31,5 Liter Benzin
b) 32 Liter Benzin
c) 32,5 Liter Benzin
d) 33,5 Liter Benzin

18. Für eine kleine Feier zum Einstand plant Lara, für sich und ihre elf Kollegen 60 Euro für Getränke ein. Kurzfristig melden sich vier Personen ab. Für das übrige Geld möchte sie nun noch einen edlen Tropfen kaufen. Wie viel Geld kann sie dafür ausgeben?
a) 15 Euro
b) 20 Euro

c) 25 Euro
d) 30 Euro

19. In fünf Tagen schaffen es zwei Paketdienste 800 Päckchen auszuliefern. Wie viele Päckchen können maximal ausgeliefert werden, wenn drei Paketdienste nur zwei Tage Zeit haben?
a) 480 Päckchen
b) 1.200 Päckchen
c) 240 Päckchen
d) 320 Päckchen

20. Von einem Containerschiff werden in 30 Minuten sieben Container entladen. Wie lange dauert die Entladung von 56 weiteren Containern?
a) vier Stunden
b) fünf Stunden
c) sechs Stunden
d) sieben Stunden

21. Vier Arbeiter benötigen zwölf Arbeitsstunden, um ein Waldstück vollständig zu roden. Welche Zeit benötigen zehn Arbeiter für dieselben Rodungsarbeiten?
a) vier Stunden 48 Minuten
b) vier Stunden acht Minuten
c) vier Stunden 36 Minuten
d) vier Stunden 54 Minuten

22. Ein Student gibt an 14 Tagen im Monat jeweils fünf Euro in der Mensa aus. Für wie viele Tage würde das gleiche Geld reichen, wenn er jeweils nur 3,50 Euro ausgeben würde?
a) 20 Tage
b) 25 Tage
c) 17 Tage
d) 19 Tage

Lösungen: Dreisatz

1. b)	9. b)	17. a)
2. c)	10. b)	18. b)
3. d)	11. b)	19. a)
4. d)	12. c)	20. a)
5. d)	13. d)	21. a)
6. a)	14. c)	22. a)
7. a)	15. d)	
8. b)	16. b)	

Zu 1.: b) Da die Prämie anhand der geleisteten Dienstjahre aufgeteilt wird, muss als Erstes ermittelt werden, wie viel Prozent Karim Schuster von dem Geld erhält. Dazu erfolgt die Rechnung: p = 15 ÷ 60 × 100 % = 25 % (siehe hierzu Kapitel Prozentrechnung). Um nun Karim Schusters Summe zu errechnen, multipliziert man die 1.200 Euro mit 0,25 (1 = 100 %, 0,25 = 25 %) und erhält einen Betrag von 300 Euro. Daher kann er den Urlaub nicht vollständig mit seiner Prämie bezahlen.

Zu 2.: c) Zuerst wird berechnet, wie viele Federn ein Arbeiter pro Tag herstellen kann: 390.000 Federn ÷ 7 Tage = 55.714 Federn/Tag. Auf einen Mitarbeiter kommen somit 55.714 Federn ÷ 12 Arbeiter = 4.643 Federn. Wenn nun 2.340.000 Federn in 16 Tagen produziert werden sollen, müssen 2.340.000 Federn ÷ 16 Tage = 146.250 Federn/Tag hergestellt werden. Durch den ersten Schritt liegt die Erkenntnis vor, dass ein Mitarbeiter 4.643 Federn/Tag schafft. Somit werden 146.250 Federn ÷ 4.643 Federn = 31,5 (Mitarbeiter) benötigt.

Zu 3.: d) Wenn zwei Pumpen 13.000 Liter befördern, trägt jede der beiden mit 6.500 Liter bei. Da sie den Pool in 6,5 Stunden befüllen, werden 1.000 Liter pro Stunde gepumpt (6.500 Liter/6,5h = 1.000 Liter/h). Für einen Pool mit 21.000 Liter Fassvermögen und drei Pumpen wird die gleiche Rechnung angewendet. Jede Pumpe trägt mit 7.000 Liter Gesamtvolumen bei. Bei 1.000 Liter pro Stunde brauchen die drei Pumpen also sieben Stunden, um den Pool zu füllen.

Zu 4.: d) Der klassische Dreisatz lässt sich auch grafisch lösen:
450 g → 13,50 Euro
1.000 g → x
x = 1.000 ÷ 450 × 13,50 Euro = 30 Euro

Zu 5.: d) Wenn zwei Personen zwölf Liter Wasser und neun Konserven in drei Tagen verbrauchen, so verbrauchen sie zu zweit pro Tag 12 Liter ÷ 3 = 4 Liter Wasser und 9 Konserven ÷ 3 = 3 Konserven pro Tag. Um nun den Fünf-Tages-Vorrat für vier Personen zu bestimmen, werden die Pro-Tag-Mengen mal zwei multipliziert und anschließend mal fünf: 4 Liter × 2 (Zwei Menschen werden zu einer „Einheit" zusammengefasst.) × 5 Tage = 40 Liter und 3 Konserven × 2 × 5 = 30 Konserven

Zu 6.: a) Wenn drei Brunnen 24 Familien versorgen, versorgt ein Brunnen allein maximal acht Familien. Somit können von 20 Brunnen acht Familien × 20 = 160 Familien leben.

Zu 7.: a) Fünf Mähdrescher benötigen neun Tage für ein Feld. Wird nun aber die dreifache Menge an Mähdreschern eingesetzt, so brauchen sie nur ein Drittel der Zeit, ergo drei Tage.

Zu 8.: b) Zwei Maurer arbeiten 48 Stunden für eine Mauer, somit beträgt die Arbeitszeit für einen Maurer, um eine Mauer hochzuziehen, 96 Stunden. Arbeiten nun sechs Maurer gleichzeitig, minimiert sich die Arbeitszeit auf 96 Stunden ÷ 6 Arbeiter = 16 Stunden.

Zu 9.: b) Siehe Lösung Aufgabe 4: x = 100 ÷ 24 × 1,2 l = 5 Liter

Zu 10.: b) Ein Polizist sucht pro Stunde 200 Quadratmeter ab (80.000 ÷ 10 ÷ 40 = 200). Für eine Fläche von 50.000 Quadratmetern benötigen somit fünf Polizisten 50 Stunden Zeit. (50.000 ÷ 200 ÷ 5 = 50 Stunden).

Zu 11.: b) Mit Blaulicht fährt der Fahrer 120 km/h. Ohne Blaulicht bewegt sich der Fahrer nur mit zwei Drittel der Geschwindigkeit fort. Braucht er also mit 80 km/h 24 Minuten, so legt er die Strecke mit höherem Tempo in einer Zeit von ⅔ × 24 Minuten = 16 Minuten zurück (Er spart sich somit ein Drittel der Zeit, da er um ein Drittel schneller fährt mit Blaulicht.).

Zu 12.: c) Insgesamt arbeiten vier Bauarbeiter 560 Stunden, um den Rohbau fertigzustellen: 4 Arbeiter × 7 Stunden = 28 Stunden Gesamtarbeitszeit pro Tag, 28 Stunden × 20 Tage = 560 Stunden. Drei Arbeiter, die jeden Tag acht Stunden arbeiten, weisen eine Gesamtarbeitszeit von 24 Stunden pro Tag auf. Somit folgt: 560 Stunden ÷ 24 Stunden (je Tag) = 23,33 Tage

Zu 13.: d) Zwei Fliesenleger brauchen vier Stunden für 32 Quadratmeter. Ein Fliesenleger bearbeitet somit in vier Stunden 16 Quadratmeter. In einer Stunde daher 16 Quadratmeter ÷ 4 Stunden = 4 Quadratmeter. Arbeiten fünf Fliesenleger gleichzeitig, schaffen sie in einer Stunde 20 Quadratmeter. Da die doppelte Fläche zu fliesen ist, benötigen sie zwei Stunden.

Zu 14.: c) Siehe Lösung Aufgabe 13: In einer Stunde schafft ein Maurer vier Quadratmeter, daher ziehen drei Maurer zwölf Quadratmeter Mauer in einer Stunde hoch.

Da die zu bauende Mauer 144 Quadratmeter Fläche besitzt, benötigen drei Maurer zwölf Stunden: 144 Quadratmeter ÷ 12 Quadratmeter pro Stunde = 12 Stunden

Zu 15.: d) Mit Hilfe der Formel s = v × t, wobei s für die zurückgelegte Strecke, t für die Zeit und v für die Geschwindigkeit steht, ermittelt man zuerst die Gesamtstrecke: s = 80 km/h × 9 h = 720 km. Wird die Zeitspanne verringert, so muss die Geschwindigkeit zunehmen: v = s ÷ t = 720 km ÷ 6 h = 120 km/h

Zu 16.: b) Die monatliche Steuer des Angestellten beträgt 32.000 Euro × 0,01 = 320 Euro. Somit muss er jährlich 320 Euro × 12 = 3.840 Euro Abgaben zahlen.

Zu 17.: a) Für 100 km verbraucht das Auto neun Liter Benzin. Fährt er jetzt 3,5-mal so viel, steigt auch sein Verbrauch um das 3,5-fache: 9 Liter Benzin × 3,5 = 31,5 Liter Benzin.

Zu 18.: b) Die eingeplanten 60 Euro verteilen sich gleichmäßig auf zwölf Gäste: 60 Euro ÷ 12 Gäste = 5 Euro pro Gast. Sagen nun vier Gäste ab, stehen Lara 20 Euro zum Kauf eines edlen Tropfens zur Verfügung: 5 Euro × 4 = 20 Euro

Zu 19.: a) Zwei Paketdienste liefern in fünf Tagen 800 Päckchen aus. Daher liefert ein Paketdienst 400 Päckchen in fünf Tagen und 80 Pakete an einem Tag aus: 800 Päckchen ÷ 2 = 400 Päckchen, 400 Päckchen ÷ 5 Tage = 80 Pakete pro Tag. Stellen drei Lieferanten gleichzeitig 80 Pakete am Tag zu, schaffen sie in Summe 240 pro Tag. Da sie zwei Tage Zeit haben, verdoppelt sich der Wert: 240 Pakete pro Tag × 2= 480 Pakete pro Tag

Zu 20.: a) In 30 Minuten können sieben Container entladen werden. Insgesamt fehlen noch 56 = 7 × 8 Container. Wie zu erkennen ist, ist die Zahl 56 das Achtfache von sieben, daher dauert die Entladung noch 8 × 0,5 Stunden = 4 Stunden.

Zu 21.: a) Die Gesamtarbeitszeit der vier Arbeiter beträgt 4 × 12 Stunden = 48 Stunden. Verteilen sich diese Stunden auf zehn Arbeiter, so benötigen sie 4,8 Stunden bei gleichzeitigem Roden. Zu beachten ist, dass eine Umrechnung in Minuten erfolgen muss: 60 Minuten × 0,8 (da 80 % der Stunde benötigt wird) = 48 Minuten

Zu 22.: a) Der Student verbraucht insgesamt 14 Tage × 5 Euro = 70 Euro in der Mensa. Reduziert er seinen täglichen Verzehr auf 3,50 Euro, so kann er an 70 ÷ 3,50 Euro pro Tag = 20 Tagen davon essen.

Geometrie (Flächenberechnung)

Bei dieser Aufgabe musst du die fehlenden Ergebnisse für die jeweiligen Flächen und Körper berechnen. Bitte runde die Ergebnisse auf beziehungsweise rechne bis zur dritten Nachkommastelle. Trage die Lösungen in die freien Felder ein. Zeit: **15 Minuten**

1. Ergänze das Rechteck.
Seite a: 6
Seite b: ____
Flächeninhalt: ____
Umfang: 32

2. Ergänze das Rechteck.
Seite a: 6
Seite b: 4
Flächeninhalt: ____
Umfang: ____

3. Ergänze das Rechteck.
Seite a: ____
Seite b: 8
Flächeninhalt: 192
Umfang: ____

4. Ergänze das Rechteck.
Seite a: 14
Seite b: ____
Flächeninhalt: ____
Umfang: 52

5. Ergänze den Würfel.
Seite a: 10
Grundfläche: ____
Oberfläche: ____
Volumen: ____

6. Ergänze den Würfel.
Seite a: ____
Grundfläche: ____
Oberfläche: ____
Volumen: 2.744

7. Ergänze den Würfel.
Seite a: ____
Grundfläche: ____
Oberfläche: 4.056
Volumen: ____

8. Ergänze den Würfel.
Seite a: ____
Grundfläche: 36
Oberfläche: ____
Volumen: ____

9. Ergänze den Kreis.
Radius: ____
Durchmesser: ____
Umfang: ____
Flächeninhalt: 50,265

10. Ergänze den Kreis.
Radius: ____
Durchmesser: ____
Umfang: 119,381
Flächeninhalt: ____

Lösungen: Geometrie

Zu 1.:

Seite a:	6
Seite b:	10
Flächeninhalt:	60
Umfang:	32

Zu 2.:

Seite a:	6
Seite b:	4
Flächeninhalt:	24
Umfang:	20

Zu 3.:

Seite a:	24
Seite b:	8
Flächeninhalt:	192
Umfang:	64

Zu 4.:

Seite a:	14
Seite b:	12
Flächeninhalt:	168
Umfang:	52

Zu 5.:

Seite a:	10
Grundfläche:	100
Oberfläche:	600
Volumen:	1.000

Zu 6.:

Seite a:	14
Grundfläche:	196
Oberfläche:	1.176
Volumen:	2.744

Zu 7.:

Seite a:	26
Grundfläche:	676
Oberfläche:	4.056
Volumen:	17.576

Zu 8.:

Seite a:	6
Grundfläche:	36
Oberfläche:	216
Volumen:	216

Zu 9.:

Radius:	4
Durchmesser:	8
Umfang:	25,133
Flächeninhalt:	50,265

Zu 10.:

Radius:	19
Durchmesser:	38
Umfang:	119,381
Flächeninhalt:	1.134,115

Rechteckberechnung

Flächeninhalt A = a × b

Umfang U = 2 × a + 2 × b

Würfelberechnung

Grundfläche A = a × b

Oberfläche O = 6 × A

Volumen V = A^3 (a × a × a)

Kreisberechnung

Radius r = d ÷ 2

Durchmesser d = 2 × r

Umfang U= d × π

Flächeninhalt A = $\pi \times r^2$

Grundrechenaufgaben

Löse alle Aufgaben ohne Taschenrechner. Du darfst Nebenrechnungen auf ein Notizblatt machen. Schreibe die Ergebnisse ohne Trennung von Punkten. Beispiel: falsch = 12.500, richtig = 12500

Wie lautet das Ergebnis für die folgenden Aufgaben?

Zeit: **20 Minuten**

1. Aufgabe
5.473 + 8.569

2. Aufgabe
17.916,72 + 12.480,47

3. Aufgabe
4.982 + 1.675 + 3.102

4. Aufgabe
6.725 – 544 – 2.397

5. Aufgabe
548.912 – 375.869

6. Aufgabe
163.755 + 45.843 – 89.270

7. Aufgabe
75.178 – 69.430 – 390,75

8. Aufgabe
25.482,32 – 24.921,75

9. Aufgabe
9.489 × 8.112

10. Aufgabe
2.552 ÷ 44

11. Aufgabe
580,79 × 725,40

12. Aufgabe
12,15 × 0,08

13. Aufgabe
25,47 × 8,13

14. Aufgabe
989 ÷ 23

15. Aufgabe
26.415 ÷ 45

16. Aufgabe
380.138 ÷ 11

Lösungen: Grundrechenaufgaben

1. 14042	7. 5357,25	13. 207,0711
2. 30397,19	8. 560,57	14. 43
3. 9759	9. 76974768	15. 587
4. 3784	10. 58	16. 34558
5. 173043	11. 421305,066	
6. 120328	12. 0,972	

Kopfrechnen

Deine mathematischen Fähigkeiten werden unter anderem durch verschiedene Kopfrechenaufgaben geprüft. Dabei sind alle Grundrechenarten, Wurzelziehen, Potenzen sowie Bruchrechnung von Belang.

Dir steht, wie auch beim richtigen Test, sehr wenig Zeit zur Verfügung. Wenn du nicht alle Aufgaben in der Zeit schaffst, ist das in Ordnung! Lasse dich nicht aus der Ruhe bringen. Rechne alle Aufgaben konzentriert und zügig durch. Am besten hältst du Papier und Stift bereit, um dir Notizen machen zu können und deinen Rechenweg aufzuschreiben.

Zeit: **4 Minuten**

1. Aufgabe
$\sqrt{121} =$

2. Aufgabe
$21^2 =$

3. Aufgabe
44 + 17 + 88 =

4. Aufgabe
2.347 – 479 – 23 =

5. Aufgabe
24 × 24 =

6. Aufgabe
57 × 7 =

7. Aufgabe
13 × 21 =

8. Aufgabe
4.619 + 193 – 348 =

9. Aufgabe
$7 \times 31 - 30 =$

10. Aufgabe
$721 - 47 + 98 =$

11. Aufgabe
$12 \times 13 =$

12. Aufgabe
$35 \div 5 =$

13. Aufgabe
$23 \times 51 =$

14. Aufgabe
$15 \times 11 - 63 + 52 =$

15. Aufgabe
$57 + 14 + 36 =$

16. Aufgabe
$(5 + 3)^2 - 10 =$

17. Aufgabe
$14 \times 12 - 15 =$

18. Aufgabe
$79 - 35 + 88 =$

19. Aufgabe
$56 - 28 =$

20. Aufgabe
$42 \div 6 =$

Lösungen: Kopfrechnen

1. 11	8. 4.464	15. 107
2. 441	9. 187	16. 54
3. 149	10. 772	17. 153
4. 1.845	11. 156	18. 132
5. 576	12. 7	19. 28
6. 399	13. 1.173	20. 7
7. 273	14. 154	

Prozentrechnung

Aufgaben zur Prozentrechnung sind in Einstellungstests sehr beliebt. Um die richtige Lösung zu finden, sollten die drei Werte Grundwert (G), Prozentwert (W) und Prozentsatz (p) ein Begriff sein, denn einer dieser Werte ist meistens gefragt und muss anhand der allgemeinen Formel (p % = W ÷ G) ermittelt werden. Bitte beachte an dieser Stelle, dass die Formel gegebenenfalls umgeformt werden muss.

p % = p ÷ 100

Beispiel
In der folgenden Beispielaufgabe wollen wir die Formel nun anwenden und aufzeigen, wie eine Aufgabe aus dem Bereich Prozentrechnung gelöst werden kann.

Beispielaufgabe: Wie viel sind 5 % von 200?
p = 5 %
G = 200
W = ?

Die oben gegebene Formel lässt sich nach den verschiedenen Variablen G, W und p umstellen.

p % = W ÷ G
W = p % × G
G = W ÷ p %

In diesem Fall ist W gesucht. Daher berechnen wir W = 5 % × 200 beziehungsweise W = (5 ÷ 100) × 200 = 10.

Zeit: **15 Minuten**

1. Von den 32 Schülern haben drei Schüler eine 1 geschrieben und weitere fünf haben die Note 2. Die anderen waren bei einer 3 oder schlechter. Wie viel Prozent der Schüler waren besser als eine 3?
a) 20 %
b) 40 %

c) 25 %
d) 30 %

2. Vor zehn Jahren gab es 35 % Singlehaushalte in der EU. Und es gab 260 Mio. Haushalte mit mehr als einer Person. Wie viele Singlehaushalte gab es in der EU?
a) 130 Mio.
b) 140 Mio.
c) 35 Mio.
d) 120 Mio.

3. Der Joghurt, den Meike kaufen möchte, ist 250 g schwer. Auf der Verpackung steht, dass dieser 16 g Fett enthält. Wie viel Prozent Fett enthält der Joghurt?
a) 6,4 %
b) 7,8 %
c) 16 %
d) 2,5 %

4. Herr Glück hat 900 Euro inklusive Zinsen von seinem Bankkonto abgehoben. Das Geld wurde ein Jahr lang zu einem stolzen Zinssatz von 20 % fest verzinst. Wie viel Kapital musste Herr Glück vor einem Jahr anlegen, um diese Summe zu erhalten?
a) 180 Euro
b) 750 Euro
c) 700 Euro
d) 450 Euro

5. Herr Schmidt kauft ein neues Auto für 50.000 Euro. Leider hat das Auto bereits nach kurzer Zeit einen Getriebeschaden, was hohe Reparaturkosten verursacht. Herr Schmidt erhält aus diesem Grund von seinem Händler 20 % des Kaufpreises erstattet. Wie viel Euro erhält Herr Schmidt vom Händler?
a) 10.000 Euro
b) 20.000 Euro
c) 25.000 Euro
d) 30.000 Euro

6. Frau Feldbusch kauft sich für 500 Euro Aktien. Aufgrund einer guten wirtschaftlichen Entwicklung steigen die Aktienkurse auf 200 % des eingesetzten Kapitals. Wie viel Euro sind diese Aktien nun wert?
a) 500 Euro
b) 1.000 Euro
c) 2.000 Euro
d) 5.000 Euro

7. Wie drückt man das Verhältnis 16 von 32 in Prozent aus (Prozentsatz)?
a) 16 %
b) 32 %
c) 60 %
d) 50 %

8. 8 % sind 80 Einheiten, wie viel sind 100 % (Grundwert)?
a) 100 Einheiten
b) 1.000 Einheiten
c) 400 Einheiten
d) 4.000 Einheiten

9. Der Preis für eine Kilowattstunde wird von 0,25 Euro auf 0,30 Euro erhört. Wie hoch ist die Steigerung in %?
a) 20 %
b) 25 %
c) 30 %
d) 5 %

10. Bei meiner Stamm-Apotheke erhalte ich drei Prozent Rabatt auf alle Rechnungen. Meine letzte Rechnung betrug vor Abzug 40,00 Euro. Wie hoch war die Ersparnis?
a) vier Euro
b) zwölf Euro
c) 1,20 Euro
d) 0,40 Euro

11. Im Polizeibezirk Bochum arbeiten 1.500 Männer und 500 Frauen. Wie hoch ist der prozentuale Frauenanteil in diesem Bezirk?

a) 15 %
b) 20 %
c) 25 %
d) 30 %

12. Der Bauer hat insgesamt 90 Apfelbäume und will 18 weitere anpflanzen. Wie viel Prozent sind das?
a) 18 %
b) 20 %
c) 24 %
d) 19 %

13. Der Pizza-Lieferservice wirbt mit 20 % Rabatt bei der nächsten Bestellung. Luisa möchte sich eine 15,00 Euro Pizza bestellen. Wie hoch wäre die Ersparnis?
a) 2,50 Euro
b) 3,00 Euro
c) 2,00 Euro
d) 1,50 Euro

14. Wie hoch ist die Wahrscheinlichkeit in Prozent, als Kandidat bei der Show „Wer wird Millionär" eine Million Euro zu gewinnen, wenn es nur sechs Kandidaten von 300 schaffen?
a) 0,6 %
b) 1,5 %
c) 3 %
d) 2 %

15. Bei einer mobilen Blitzkontrolle beträgt die Wahrscheinlichkeit, dass jemand zu schnell fährt, etwa zehn Prozent. Die Blitzkontrolle wurde an einer vielbefahrenen Straße aufgebaut. Hier fahren von 7.00 Uhr bis 16.00 Uhr etwa 2.100 Autos entlang. Pro Ticket fallen Kosten von durchschnittlich zehn Euro an. Wie hoch ist der Betrag, der hier im genannten Zeitraum an Strafen eingenommen wird?
a) 2.100 Euro
b) 2.200 Euro
c) 2.300 Euro
d) 2.400 Euro

16. Wie viele Birnen können gekauft werden, wenn zehn Prozent von 80 Birnen vom Markt genommen wurden?
a) 76 Birnen
b) 88 Birnen
c) 70 Birnen
d) 72 Birnen

17. Ende April 2015 waren in den Bremer Justizvollzugsanstalten 1.350 Strafgefangene inhaftiert. Das sind etwa vier Prozent weniger als im Vorjahr, so das Statistikamt. Wie viele Strafgefangene waren im Vorjahr inhaftiert?
a) 1.445 Strafgefangene
b) 1.296 Strafgefangene
c) 1.404 Strafgefangene
d) 1.498 Strafgefangene

18. Im Jahr 2013 wurden deutschlandweit 9.640 Tote durch Verkehrsunfälle verzeichnet. Darunter waren 1.364 Motorradunfälle und 3.456 PKW-Unfälle. Wie viel Prozent der Tode wurden nicht durch Motorräder oder PKWs verursacht?
a) 15 %
b) 25 %
c) 50 %
d) 75 %

Lösungen: Prozentrechnung

1. c)	7. d)	13. b)
2. b)	8. b)	14. d)
3. a)	9. a)	15. a)
4. b)	10. c)	16. d)
5. a)	11. c)	17. c)
6. b)	12. b)	18. c)

Zu 1.: c) Zuerst muss die Anzahl der Schüler, die besser als eine 3 waren, berechnet werden: drei (Anzahl der Note 1) + fünf (Anzahl der Note 2) = acht. Eingesetzt in die Formel für Prozentrechnung, ergibt sich ein Wert von p = 8 ÷ 32 × 100 % = 25 %.

Zu 2.: b) Um herauszufinden, wie viele Singlehaushalte es gegeben hat, muss zuerst die Gesamthaushaltszahl bestimmt werden. Hierzu stellen wir die Formel um: G= W ÷ p % × 100 % = 260 Mio. ÷ 65 % × 100 % = 400 Mio. Mit Hilfe des berechneten Grundwerts lässt sich in Teilschritt zwei der Prozentwert durch W = p % × G = 35 % ÷ 100 % × 400 Mio. = 140 Mio. ermitteln.

Zu 3.: a) Einsetzen in die Formel bringt: p = 16 ÷ 250 × 100 % = 6,4 %.

Zu 4.: b) Mit p = 120 % und W = 900 Euro erhält man: G = W ÷ p × 100 % = 750 Euro. Der Prozentsatz p wird so gewählt, da man im Vorjahr 100 % hatte und jetzt durch die Zinsen 20 % dazugekommen sind.

Zu 5.: a) Wird die Gleichung nach dem Prozentwert W umgestellt und für p = 20 % und G = 50.000 Euro gewählt, so erhält man: W = p % × G = 10.000 Euro

Zu 6.: b) Entsprechen 500 Euro gleich 100 %, so verdoppelt sich dieser Wert, um auf 200 % zu kommen. Antwort b) ist korrekt.

Zu 7.: d) p = 16 ÷ 32 × 100 % = 50 %. In diesem Fall wird mit 100 % multipliziert, da das Resultat in Prozent gewünscht ist. Ist nur das Verhältnis gefragt, so stimmt Antwort d) ebenfalls.

Zu 8.: b) Mit W = 80 Einheiten und p = 8 %: G = W ÷ p × 100 % = 1.000 Einheiten.

Zu 9.: a) Bei dieser Aufgabe ist zu beachten, dass G und W richtig gewählt werden: Da es sich um eine Steigerung handelt, wird der Prozentsatz auch über 100 % betragen.

Daher müssen nach der Berechnung p = 0,30 ÷ 0,25 × 100 % = 120 %, mit W = 0,30 Euro und G = 0,25 Euro, die anfänglichen 100 % abgezogen werden, um auf die reine Steigerung zu kommen.

Zu 10.: c) Siehe Lösung Aufgabe 5: W = p % × G = 1,20 Euro

Zu 11.: c) Die große Gefahr ist hierbei, dass anstatt mit 2.000 Beschäftigten nur mit dem Anteil der Männer von 1.500 Arbeitern gerechnet wird. Eingesetzt ergibt dies: p = 500 ÷ 2.000 × 100 % = 25 %

Zu 12.: b) p = 18 ÷ 90 × 100 % = 20 %

Zu 13.: b) Siehe Lösung Aufgabe 5: W = p % × G = 3,00 Euro

Zu 14.: d) p = 6 ÷ 300 × 100 % = 2 %

Zu 15.: a) Diese Aufgabe besteht aus zwei Teilschritten: die Berechnung der Anzahl an Autos, die mit großer Wahrscheinlichkeit zu schnell fahren, und der daraus resultierenden Gesamtsumme. Für Ersteres dient die Formel W = p % × G = 210 Autos, mit p = 10 % und G = 2.100 Autos. Da jedes Auto durchschnittlich 10 € bezahlt, lautet das Resultat in Teilschritt 2: 210 × 10 € = 2.100 €.

Zu 16.: d) Siehe Lösung Aufgabe 5: W = p % × G = 72 Stück. Hierbei ist zu beachten, dass nicht die im Text erwähnten 10 % für p gewählt werden, sondern die verbleibenden 90 %.

Zu 17.: c) Die Ende April 2015 1.350 Inhaftierten entsprechen 96 %, die aus dem Vorjahr 100 %. Daraus ergibt sich: 1.350 × 4 % =54
100 % = 1.350 + 54 = 1.404

Zu 18.: c) Da nach den Verkehrsunfällen gefragt ist, welche weder von PKWs noch Motorrädern verursacht worden sind, müssen von den 9.640 Toten insgesamt 4.820 Opfer (Summe der Motorrad- und PKW-Unfälle) subtrahiert werden. So berechnet sich p nach: p = 4.820 ÷ 9.640 × 100 % = 50 %

Zinsrechnung

Die **Deutsche Zinsmethode** sieht vor, dass jeder Monat mit 30 Zinstagen und ein gesamtes Jahr mit 360 Zinstagen gerechnet wird. Somit werden Monate, die als Ganzes zwischen Anfangsdatum und Enddatum des Zinszahlungszeitraums liegen, unabhängig von ihrer tatsächlichen Tagesanzahl mit je 30 Tagen gezählt.

Löse alle Aufgaben und trage das Ergebnis entsprechend ein. Bei Rechenaufgaben darfst du Nebenrechnungen auf ein Notizblatt schreiben.

Zeit: **10 Minuten**

1. Ein Kapital von 22.500 € wird zu einem Zinssatz von 7,5 % angelegt. Wie hoch ist der Zins nach neun Monaten und zehn Tagen?

Ergebnis: ___________ €

2. Das Haus der Familie Müller ist mit einer Hypothek belastet. Familie Müller zahlt bei einem Zinssatz von 8,5 % monatlich 637,50 € Zinsen. Wie hoch ist die Hypothek?

Ergebnis: ___________ €

3. Herr Schmidt kauft ein Auto zum Preis von 13.750 € und lässt diese Summe vom Auto-händler finanzieren. In einem Jahr hat Herr Schmidt 15.331,25 € gezahlt. Wie hoch war der Zinssatz?

Ergebnis: ___________ %

4. Zum Bau eines Einfamilienhauses benötigt Familie Koch eine Hypothek von 150.000 €. Die Zinsen für die ersten fünf Jahre sind auf 6 % pro Jahr festgelegt. Außerdem muss Familie Koch 1 % Tilgung pro Jahr zahlen. Wie hoch sind die monatlichen Kosten der Familie Koch?

Ergebnis: ___________ €

5. Ein Sparer erhält für sein Kapital von 42.500 € bei einem Zinssatz von 6,5 % 552,50 € ausgezahlt. Wie lange war das Kapital angelegt?

Ergebnis: ___________ Tage

6. Für ein Darlehn von 33.000 € mussten bei einem Zinssatz von 8 % insgesamt 9.240 € an Zinsen gezahlt werden. Nach welcher Zeit wurde das Darlehen abgelöst?

Ergebnis: __________ Monate

7. Ein Kleinwagen kostet 15.600€, wenn er bar bezahlt wird. Das Auto kann auch in zwei Raten zu 8.000 € bezahlt werden, wobei die erste Rate sofort und die zweite zu einem späteren Zeitpunkt ist. Wie viel beträgt der Zinssatz, den der Verkäufer bei diesem Abzahlungsgeschäft verlangt?

Ergebnis: ___________ %

8. Deine Eltern haben für dich auf der Bank Festgeld bei einem Zinssatz von 3,00 % angelegt. Nach einem Jahr werden dir auf deinem Sparbuch dafür 45 € Zinsen gutgeschrieben.
a) Berechne, wie viel Geld deine Eltern für dich angelegt haben.
b) Berechne, wie viel Zinsen du in zehn Tagen erhältst.

Ergebnis:
a) = ___________ €
b) = ___________ €

Mögliche Lösungswege: Zinsrechnung

Zu 1.: **1.312,50 €**
Jahreszins = 22.500 € × 7,5 % ÷ 100 %= 1.687,50€
Tageszins = 1.687,50 € ÷ 360 = 4,6875 €
Gesamtzins = 4,6875 € × 280 = 1.312,50 €

Zu 2.: **90.000 €**
Jahreszahlung= 637,50 € × 12 = 7.650 €
Kapital = 7.650 € ÷ 8,5 % × 100 % = 90.000 €

Zu 3.: **11,5 %**
Zinszahlung = 15.331,25 € - 13.750 €= 1.581,25 €
Prozentwert= 1.581,25 € ÷ 13.750 € × 100 % = 11,5 %

Zu 4.: **875 €**
Jahreszins = 150.000 € ÷ 100 % × 7 % = 10.500 €
Monatszins = 10.500 € ÷ 12 = 875€

Zu 5.: **72 Tage**
Jahreszins = 42.500 € × 6,5 % ÷ 100 %= 2.762,50 €
Tageszins = 2.762,50 € ÷ 360 = 7,67361111 €
Anlagedauer = 552,50 € ÷ 7,67361111 € = 72

Zu 6.: **42 Monate**
Jahreszins = 33.000 € × 8 % ÷ 100 % = 2.640 €
Monatszins = 2.640 € ÷ 12 = 220 €
Anlagedauer = 9.240 € ÷ 220 € = 42

Zu 7.: **5,263 %**
Der Verkäufer leiht dem Käufer 7.600 Euro und verlangt dafür eine „Gebühr“ von 400 Euro.
Zinssatz = 400 € × 100 % ÷ 7.600 € = 5,263 %

Zu 8. a) **1.500€**, b) **1,25 €**
Zu a): Anlagesumme = 45 € × 100 % ÷ 3 % = 1.500 €
Zu b) Tageszins = 45 € ÷ 360 = 0,125 €

Tageszins = 0,125 € x 10 = 1,25 €

Zahlenreihen

Setze die Zahlenreihen logisch fort. Überlege dabei genau, welche Regel sich hinter den Zahlen verbergen könnte.

Das folgende **Beispiel** soll dir dabei helfen, den Aufgabentyp „Zahlenreihen“ besser zu verstehen und die Aufgaben effizient lösen zu können:
Gegeben: 0, 4, 2, 6, 4, 8, ?
Bei dieser Zahlenreihe wurde als Erstes die Zahl 4 addiert: 0 + 4 = 4
Im nächsten Schritt wurde von 4 die Zahl 2 subtrahiert: 4 – 2 = 2
Anschließend wurde wieder die Zahl 4 addiert: 2 + 4 = 6

Wahrscheinlich erkennst du jetzt schon ein Muster. Es wird immer abwechselnd erst 4 addiert und anschließend die Zahl 2 abgezogen. Wenn du diese Regel für die gesamte Zahlenreihe fortführst, kommst du am Ende auf die Zahl 6 als gesuchte Zahl.

Beachte, dass bei Zahlenreihen neben der Addition und Subtraktion auch weitere Rechenoperationen wie Multiplikation oder Division möglich sind. Bei etwas komplexeren Aufgaben können beispielsweise auch Primzahlen eine Rolle spielen. Primzahlen sind Zahlen, die nur durch sich selbst und 1 teilbar sind und größer als 1 sind. Primzahlen: 2, 3, 5, 7, 11, 13 usw.

Eine etwas komplexere Zahlenreihe könnte beispielsweise folgendermaßen aussehen: 1, 3, 5, 8, 10, 15, 17, 24, 26, ?

Die Zahlenreihe startet mit 1. Um herauszufinden, was die fehlende Zahl ist, schauen wir uns zunächst die Differenz zwischen den gegebenen Zahlen an und versuchen, Muster zu erkennen:
Differenz zwischen 1 und 3 → 2*
Differenz zwischen 3 und 5 → 2
Differenz zwischen 5 und 8 → 3*
Differenz zwischen 8 und 10 → 2
Differenz zwischen 10 und 15 → 5*
Differenz zwischen 15 und 17 → 2
Differenz zwischen 17 und 24 → 7*
Differenz zwischen 24 und 26 → 2

Die Lösung für die gesuchte Zahl ist in diesem Fall 37. Es wird abwechselnd eine Primzahl (siehe mit Stern markierte Differenz) und dann wieder die Zahl 2 addiert.

1. Aufgabe
0, 5, 3, 8, 6, ?
a) 9
b) 7
c) 11
d) 8

2. Aufgabe
96, 87, 79, 72, ?
a) 66
b) 67
c) 65
d) 61

3. Aufgabe
13, –21, 34, –55, 89, ?
a) 144
b) –144
c) 123
d) –123

4. Aufgabe
0, 9, 1, 8, 2, 7, 3, ?
a) 5
b) 6
c) 4
d) 10

5. Aufgabe
500, 50, 40, 400, 40, 30, ?
a) 20
b) 200
c) 300
d) 450

6. Aufgabe
35, 42, 49, 56, ?
a) 61
b) 63
c) 70
d) 77

7. Aufgabe
1, 4, 7, 10, 13, ?
a) 15
b) 16
c) 17
d) 18

8. Aufgabe
2, 1, 3, 0, 4, –1, ?
a) 4
b) 5
c) 6
d) 3

9. Aufgabe
11, 22, 15, 30, 23, 46, ?
a) 69
b) 54
c) 57
d) 39

10. Aufgabe
5, 8, 11, 14, ?
a) 16
b) 17
c) 18
d) 19

11. Aufgabe
16, 32, 64, 128, ?
a) 192
b) 196
c) 256
d) 512

12. Aufgabe
2, 1, 3, 9, 8, 10, 30, ?
a) 32
b) 29
c) 15
d) 90

13. Aufgabe
625, 125, 25, ?
a) 5
b) 15
c) 50
d) 75

14. Aufgabe
–3, 4, -5, 2, –7, 0, ?
a) 8
b) -8
c) 9
d) -9

15. Aufgabe
1, 2, 6, 30, 210, ?
a) 1.890
b) 2.310
c) 1.230
d) 3.210

16. Aufgabe
3, 2, 4, 1, 4, –1, ?
a) –2
b) –6
c) 2
d) 6

17. Aufgabe

1	7	15	90	630	622	3.732

a) 26.487 26.143
b) 26.068 26.060
c) 26.124 26.132
d) 27.456 27.423
e) Keine Antwort ist richtig.

18. Aufgabe

2	7	27	34	61	285	346

a) 631 2.931
b) 688 1.356
c) 799 2.867
d) 799 3.476
e) Keine Antwort ist richtig.

19. Aufgabe

28	34	49	70	106	163	256

a) 365 456
b) 398 465
c) 401 649
d) 406 649
e) Keine Antwort ist richtig.

20. Aufgabe

135	108	207	45	36	69	15

a) 13 18
b) 13 19
c) 12 20
d) 12 23
e) Keine Antwort ist richtig.

21. Aufgabe

24	56	284	36	84	426	54

a) 126 639
b) 144 686

c) 198 696
d) 213 696
e) Keine Antwort ist richtig.

22. Aufgabe

8	109	117	234	468	936	187

a) 476 736
b) 56 7
c) 497 809
d) 77 13
e) Keine Antwort ist richtig.

23. Aufgabe

33	46	62	81	103	128	156

a) 187 221
b) 183 249
c) 189 256
d) 206 387
e) Keine Antwort ist richtig.

24. Aufgabe

6	30	15	42	210	105	132

a) 554 594
b) 660 330
c) 678 694
d) 734 783
e) Keine Antwort ist richtig.

25. Aufgabe

11	12	40	63	115	218	396

a) 464 598
b) 461 578
c) 502 623
d) 515 648
e) Keine Antwort ist richtig.

Lösungen: Zahlenreihen

1. c)	10. b)	19. d)
2. a)	11. c)	20. d)
3. b)	12. b)	21. a)
4. b)	13. a)	22. e)
5. c)	14. d)	23. a)
6. b)	15. b)	24. b)
7. b)	16. b)	25. e)
8. b)	17. e)	
9. d)	18. a)	

Zu 1.: c) Die Zahlenreihe folgt dem Muster: + 5, – 2.

Zu 2.: a) Um auf den Wert 66 zu kommen wird von 96 zuerst 9, von diesem Ergebnis 8, anschließend 7 und schlussendlich 6 subtrahiert.

Zu 3.: b) Die Differenz aus den ersten beiden Zahlen wird berechnet, hier 34. So wird von der Zahl 13 die Zahl 34 subtrahiert, um den Folgewert –21 zu erlangen. Wird die Reihe weiter betrachtet, so steht die 34 als folgende Zahl. Damit ist die Lösung jeweils die Differenz zweier aufeinanderfolgender Werte; zu beachten ist, dass die Differenz nach einer positiven Zahl subtrahiert und nach einer negativen Zahl addiert wird.

Zu 4.: b) Das Muster ist: + 9 , – 8, + 7, – 6, + 5, – 4, + 3

Zu 5.: c) Hier lässt sich ein periodisches Muster feststellen: ÷ 10, – 10, × 10

Zu 6.: b) Die Lösung 63 ergibt sich durch wiederholtes Addieren der Zahl 7.

Zu 7.: b) ähnlich wie Aufgabe 6, jedoch durch Addition der Zahl 3

Zu 8.: b) Das Muster ist: – 1, + 2, – 3, + 4, – 5, + 6

Zu 9.: d) Die Zahlenreihe folgt dem Muster: × 2, – 7

Zu 10.: b) siehe Lösung Aufgabe 7

Zu 11.: c) Das Ergebnis 256 erlangt man durch Verdoppelung der Werte.

Zu 12.: b) Das periodische Vorgehen ist definiert durch: – 1, + 2, × 3

Zu 13.: a) Bei jedem Schritt wird durch 5 geteilt.

Zu 14.: d) Die Zahlenreihe folgt dem Muster: + 7, – 9

Zu 15.: b) Die Lösung ist, die ersten fünf Primzahlen jeweils mit dem Ergebnis zuvor zu multiplizieren. So ist 30 × 7 = 210 und 210 × 11 = 2.310.

Zu 16.: b) Hier wird eine Abfolge von Subtraktion und Multiplikation durchgeführt, wobei von der Zahl 1 hochgezählt wird: – 1, × 2, – 3, × 4, – 5, × 6

Zu 17.: e) × 7, + 8, × 6, × 7, – 8, × 6

Zu 18.: a) (Zahl 1 + Zahl 2) × 3 = Zahl 3, Zahl 2 + Zahl 3 = Zahl 4, (Zahl 4 + Zahl 5) × 3 = Zahl 6 usw., jede dritte Zahl × 3

Zu 19.: d) Rechenschritt 1 + Rechenschritt 2 = Rechenschritt 3, R 2 + R 3= R 4

Zu 20.: d) Zahl 1 ÷ 3= Zahl 4, Zahl 2 ÷ 3= Zahl 5 usw.

Zu 21.: a) Zahl 1 x 1,5 = Zahl 4, Zahl 2 x 1,5 = Zahl 5 usw.

Zu 22.: e) addieren aller vorherigen Zahlen

Zu 23.: a) Steigerung in der Additionszeile um 13 + 3 x (Stelle der Zahl – 1)

Zu 24.: b) × 5, ÷ 2, + 27

Zu 25.: e) Zahl 1 + Zahl 2 + Zahl 3 = Zahl 4, Zahl 2 + Zahl 3 + Zahl 4 = Zahl 5 usw.

Textaufgaben

Textaufgaben sind im Einstellungstest eine wirkungsvolle Methode, um unsere Abstraktionsfähigkeit und gleichzeitig die rechnerische Fähigkeit auf die Probe zu stellen. Zeit: **20 Minuten**

1. Jemand sagt: „In zwei Jahren bin ich doppelt so alt wie ich vor vier Jahren war." Wie alt ist die Person?
a) zehn
b) zwölf
c) acht
d) 13

2. Wer ist am schnellsten? Liam ist langsamer als Anna. Anna ist schneller als Emilia. Liam ist langsamer als Kevin. Kevin ist schneller als Anna.
a) Liam
b) Anna
c) Emilia
d) Kevin

3. Arthur ist leichter als Benjamin, aber schwerer als Johanna.
Johanna ist schwerer als Peter. Wer ist der Schwerste?
a) Arthur
b) Benjamin
c) Johanna
d) Peter

4. Zwei Länder haben insgesamt zehn Einwohner. Niemand, der mehr als 85 Kilogramm wiegt, kann Präsident eines Landes werden. Die Einwohner der Länder sind jeweils 88 kg, 86 kg, 84 kg, 75 kg, 95 kg, 105 kg, 78 kg, 85 kg, 86 kg und 87 kg schwer. Wie viele Präsidenten gibt es?
a) fünf
b) sechs
c) drei
d) zwei

5. Du meldest dich zu einem Wettlauf an. Beim Endspurt überholst du den fünften Läufer, wirst dann aber von zwei anderen Läufern überholt. Mit welcher Platzierung läufst du ins Ziel ein?
a) vierter
b) fünfter
c) sechster
d) siebter

6. Wenn sechs Äpfel ein Kilogramm wiegen, wie viele Äpfel wiegen dann 2,5 Kilogramm?
a) zwölf
b) 16
c) 15
d) 13

7. Wer ist am stärksten? Andreas ist schwächer als Linus. Henry ist stärker als Patrick. Patrick ist stärker als Linus.
a) Andreas
b) Henry
c) Patrick
d) Linus

8. Wer ist am sorgfältigsten? Michael ist sorgfältiger als Ben. Annika ist sorgfältiger als Sarah. Annika ist lässiger als Ben. Sarah ist lässiger als Ben.
a) Michael
b) Ben
c) Sarah
d) Annika

9. Morgen ist Montag. Welcher Tag war einen Tag vor gestern?
a) Samstag
b) Freitag
c) Donnerstag
d) Sonntag

10. Jeder Cousin hat gleich viele Cousinen wie Cousins. Jede Cousine hat doppelt so viele Cousins wie Cousinen. Wie viele Cousinen gibt es in der Familie?
a) vier
b) drei
c) acht
d) eine

11. Eine Biene hat sechs Beine, eine Spinne sogar acht. Zusammen haben zwei Bienen und drei Spinnen genauso viele Beine wie zwölf Enten und ...
a) zwei Hunde.
b) drei Hunde.
c) sieben Hunde.
d) zwölf Hunde.

12. Wie oft kann man maximal 1,50 Euro ausgeben, wenn man 17,99 Euro hat?
a) 10,5-mal
b) 11-mal
c) 12-mal
d) 13-mal

13. Hans geht in den Supermarkt und möchte 20 Tafeln Schokolade kaufen. Eine Tafel kostet 0,89 Euro. Es gibt aber noch zwei Angebote: Angebot A – fünf Tafeln für 4,20 Euro oder das Angebot B – zehn Tafeln für 8,50 Euro. Sollte Hans ein Angebot nutzen und wenn ja, welches?
a) Hans sollte die Tafeln einzeln kaufen.
b) Hans sollte das Angebot A nutzen.
c) Hans sollte das Angebot B nutzen.
d) Die Angebote A und B sind gleichwertig.

Lösungen: Textaufgaben

1. a)	6. c)	11. b)
2. d)	7. b)	12. b)
3. b)	8. a)	13. b)
4. d)	9. b)	
5. d)	10. b)	

Zu 1.: a) Stellt man eine Gleichung auf, lässt sich das Alter leicht berechnen. Dazu wird das Alter als Variable x definiert: $x + 2 = (x - 4) \times 2$
Löst man diese Gleichung nach x auf, erhält man: $2 = x - 8 \mid + 8; x = 10$.
Daher ist das aktuelle Alter x = zehn Jahre.

Zu 2.: d) Da Kevin schneller ist als Anna und Liam, aber Emilia langsamer ist als Anna, kann nur Kevin der Schnellste sein.

Zu 3.: b) Chronologisch ist Benjamin der Schwerste, gefolgt von Arthur, dann Johanna und Paul ist der Leichteste.

Zu 4.: d) Insgesamt gibt es vier Kandidaten, da jedes Land aber nur einen Präsidenten wählt, ist Antwort d) richtig.

Zu 5.: d) Wenn ich den Fünften überhole, nehme ich den Platz als Fünftplatzierter ein. Werde ich nun zweimal überholt, rutsche ich auf den siebten Platz zurück.

Zu 6.: c) Sechs Äpfel wiegen ein Kilo, das 2,5-fache, also 2,5 kg, ergeben sich durch die 2,5-fache Anzahl an Äpfel: $6 \times 2{,}5 = 15$ Äpfel

Zu 7.: b) Henry ist der Stärkste, gefolgt von Patrick, danach Linus und Andreas ist der Schwächste.

Zu 8.: a) Da Ben sorgfältiger ist als Sarah und Annika, aber lässiger ist als Michael, ist Michael der Sorgfältigste von allen vier.

Zu 9.: b) Wenn morgen Montag ist, haben wir heute Sonntag. Gestern war Samstag und der Tag davor war Freitag.

Zu 10.: b) Zur Lösung der Aufgabe stellen wir ein Gleichungssystem mit x = Anzahl Cousins und y = Anzahl Cousinen auf:

(I) $(|x| - 1) = |y|$

(II) $(|y| - 1) = 2\ |x|$

Gleichung (I) ist aus Sicht eines Cousins, daher steht auf der linken Seite (x – 1), analog dazu Gleichung (II) aus Sicht einer Cousine. Die Variablen x und y sind in Betragsstrichen, da uns die reine Anzahl und nicht das Vorzeichen interessiert. Auflösen von (I) nach x ergibt:

(I) × $|x| = |y| + 1$

Einsetzen von (I)× in (II):

(II) × $(|y| - 1) = 2 \times (|y| + 1)$

$|y| - 1 = 2|y| + 2$

$|y| = -3$

$y = |-3| = 3$

Insgesamt sind drei Cousinen in der Familie.

Zu 11.: b) Zusammen haben zwei Bienen und drei Spinnen 36 Beine: 6 Beine × 2 Bienen + 8 Beine × 3 Spinnen = 36 Beine. Zwölf Enten besitzen insgesamt 24 Beine, da 12 Enten × 2 Beine = 24 Beine sind. Somit fehlen noch insgesamt zwölf Hundebeine. Ein Hund hat vier Beine, damit ist Antwort b) richtig.

Zu 12.: b) Elfmal ist die richtige Antwort, da 17,99 Euro ÷ 1,50 Euro = 11,99 ergibt. In diesem Fall muss abgerundet werden.

Zu 13.: b) Vergleicht man die Angebote, zahlt man für den Einzelkauf 20 Tafeln × 0,89 Euro = 17,80 Euro. Nutzt man Angebot A, ergibt sich eine Summe von 16,80 Euro (4 × 4,20 Euro). Angebot B liegt im Mittelfeld mit 20 Tafeln für 17,00 Euro. Antwort b) ist somit korrekt.

10. Persönlichkeitstests

Ungefähr ein Viertel aller Firmen nutzen Persönlichkeitstests in ihren Auswahlverfahren. Daher solltest du dich darauf einstellen, dass dir ein Persönlichkeitstest im Assessment Center begegnen kann.

10.1 Einführung in Persönlichkeitstests

Ein Persönlichkeitstest soll die innere Einstellung sowie die Motivation und Werte der Kandidaten ergründen. Die Antworten im Persönlichkeitstest sind weder richtig noch falsch, vielmehr wird durch die Fragen ein Persönlichkeitsprofil des Kandidaten erstellt. Dabei interessiert den künftigen Arbeitgeber, zu welchem Grad gewisse persönliche Eigenschaften wie Belastbarkeit, Gewissenhaftigkeit, Flexibilität, Neugier und Kooperationsvermögen bei den Kandidaten ausgeprägt sind. Ein Persönlichkeitstests macht somit die Ausprägung bestimmter Persönlichkeitsmerkmale sichtbar. Diese unterschiedlichen Eigenschaften, die durch Persönlichkeitstests untersucht werden, bezeichnet man in der Sprache der Psychologie als Dimensionen. Ein solcher Test besteht aus zirka 50 bis 200 Fragen, sogenannter Items.

Falls in deinem Einladungsschreiben von einem psychometrischen Persönlichkeitstest gesprochen wird, bedeutet dies, dass die Datenerhebung mittels eines standardisierten Fragebogens erfolgt. Psychometrisch sagt damit nichts über den Inhalt oder die Zielsetzung eines Tests aus.

Auffallende Ausprägungen bestimmter Persönlichkeitsmerkmale im Test bedeuten nicht automatisch, dass diese Merkmale deine Persönlichkeit beschreiben. Im Interview zum Persönlichkeitstest musst du jedoch eventuell mit Rückfragen zu auffallenden Ausprägungen einzelner Dimensionen rechnen.

Nachfolgend findest du eine Auflistung von typischen Frage-Antwort-Formaten, wie sie in Persönlichkeitstests vorkommen können:

Bewertung auf einer Skala
Aussage: „Ich gehe gerne unter Leute."
1 2 3 4 5 6
trifft überhaupt nicht zu trifft absolut zu

Zustimmung und Ablehnung

Aussage: „Ich gehe gerne an meine körperlichen Grenzen."

ja ☐ nein ☐

Entscheidung für eine Option

Ich erledige gerne Aufgaben,

☐ die Kreativität erfordern und bei denen ich flexibel nach meinen eigenen Ideen vorgehen kann.

☐ die Planung und eine strukturierte Vorgehensweise erfordern.

Festlegung auf eine Aussage

Was trifft am ehesten auf Sie zu?

☐ Ich verbringe meine Freizeit gerne mit Freunden und entspanne.

☐ Ich bilde mich in meiner Freizeit weiter und suche nach Herausforderungen

Aufstellung eines Rankings

☐ Ich orientiere mich beim Umgang mit neuen Aufgaben gerne an Kollegen.

☐ Ich treffe häufig spontane Entscheidungen.

☐ Ich stecke mir gerne herausfordernde Ziele.

☐ Zufriedenheit ist mir wichtig.

Hinweis: Die einzelnen Aussagen müssen hier nummeriert werden. Je nachdem, welche Aussage am zutreffendsten ist, erhält die Ziffer 1. Die weiteren Aussagen erhalten die Ziffern 2, 3 und 4.

10.2 Hinweise zur Bearbeitung von Persönlichkeitstests

Egal, was Unternehmen behaupten – auf Persönlichkeitstests kannst du dich sehr wohl vorbereiten. Um diese bestmöglich zu bearbeiten, können dir bei der Vorbereitung die folgenden Hinweise weiterhelfen:

- Beantworte die Fragen ehrlich und spontan.
- Beachte die Zeitvorgabe (auch bei Online-Tests).
- Bearbeite die Fragen zu deinem eigenen Vorteil.
- Vermeide folgende Fehler bei der Bearbeitung:
    - unehrliche Beantwortung der Fragen
    - Widersprüche aufgrund falscher Angaben

10.3 Das MBTI-Modell/Myers-Briggs-Typenindikator®

Bei vielen Unternehmen und im englischsprachigen Ausland ist das MBTI-Modell populär, das bereits in den 1960er Jahren entwickelt wurde. Bei diesem Modell werden vier Persönlichkeitsmerkmale untersucht und für die Auswertung eine von 16 Klassen gebildet. Wissenschaftlich gesehen ist das MBTI-Modell heute eher veraltet, andere Persönlichkeitstests bauen darauf auf, wie der Keirsey Temperament Sorter und 16 Personalities. Untersucht werden folgende vier bipolare Dimensionen:

- Extraversion vs. Introversion
- sinnliche Wahrnehmung vs. intuitive Wahrnehmung
- analytische Beurteilung vs. gefühlsmäßige Beurteilung
- Beurteilung vs. Wahrnehmung

Beispielhafte Items sind:

Ich komme gewöhnlich besser mit Menschen aus,
☐ die realistisch sind. ☐ die kreativ sind.

Ich arbeite lieber an Projekten,
☐ die ein strukturiertes Vorgehen erfordern.
☐ die ein kreatives Denken erfordern.

Auf einer Veranstaltung
☐ tausche ich mich am liebsten mit Personen aus, die ich bereits kenne.
☐ versuche ich möglichst viele neue Kontakte zu knüpfen.

Bei einer Arbeit ist mir wichtig,
☐ dass sie sinnstiftend ist.
☐ dass sie mir dienlich ist, meine persönlichen finanziellen Ziele zu erreichen.

In einer Diskussion
☐ warte ich ab, bis die anderen Gruppenmitglieder ihre Positionen vorgetragen haben.
☐ gehe ich gerne voran und suche das Gespräch mit anderen.

10.4 Das Big-Five-Modell

Einen anderen Ansatz als das MBTI-Modell verfolgt das Big-Five-Modell, das heute als das Standardmodell der Persönlichkeitsforschung gilt. Mit den Big Five verbinden die Menschen in erster Linie die verschiedenen Giganten aus dem Tierreich Afrikas. Tatsächlich spielen die Big Five aber auch in der Persönlichkeitspsychologie eine wichtige Rolle, wo mit diesem Modell einige interessante Eigenschaften ans Tageslicht gebracht werden können. Das Grundgerüst dieses Tests bilden dabei die folgenden fünf zentralen Persönlichkeitsdimensionen:

- ➔ **Extraversion**
  - gesprächig, energiegeladen und durchsetzungsfähig
- ➔ **Verträglichkeit**
  - mitfühlend, freundlich und herzlich
- ➔ **Gewissenhaftigkeit**
  - organisiert, verantwortungsbewusst und vorsichtig
- ➔ **Neurotizismus**
  - stabil, ruhig und zufrieden
- ➔ **Offenheit für Erfahrungen**
  - kreativ, intellektuell und offen

Jedes dieser fünf Persönlichkeitsmerkmale wird mit zwölf verschiedenen Fragen beziehungsweise Aussagen unter die Lupe genommen. Diese musst du gewissenhaft beantworten, um ein realistisches Ergebnis zu erhalten. Entscheiden kannst du bei den einzelnen Aussagen immer mit einer Skala – von 1 („trifft überhaupt nicht zu") bis 6 („trifft absolut zu". Ausgewertet werden die Ergebnisse im Anschluss, um deine Persönlichkeitsmerkmale ins Verhältnis mit dem Durchschnitt setzen zu können. Beispiele sind:
Wenn ich an die Zukunft denke, mache ich mir keine Sorgen über Unbekanntes.
1 2 3 4 5 6
trifft überhaupt nicht zu trifft absolut zu

Unerledigte Aufgaben sind für mich ein No-Go, da ich mich geistig noch stundenlang damit beschäftigen würde.
1 2 3 4 5 6
trifft überhaupt nicht zu trifft absolut zu

Wenn ich bemerke, dass es einem Mitmenschen schlecht geht, suche ich nach Möglichkeiten, um die Situation für ihn angenehmer zu machen.
1 2 3 4 5 6
trifft überhaupt nicht zu trifft absolut zu

Trotz eines hohen Arbeitsanfalls kann ich ruhig und konzentriert an einer Aufgabe arbeiten.
1 2 3 4 5 6
trifft überhaupt nicht zu trifft absolut zu

Auf einer Party gehe ich auf fremde Menschen zu und versuche, neue Kontakte zu knüpfen.
1 2 3 4 5 6
trifft überhaupt nicht zu trifft absolut zu

Jede der fünf Charaktereigenschaften sagt etwas ganz Eigenes über dich aus. Mit der Offenheit zum Beispiel wird bewertet, wie du auf neue Erfahrungen oder Eindrücke reagierst. Je nachdem, was du im Test geantwortet hast, wird so ein eher vorsichtiges Wesen oder ein neugieriges, erfinderisches Wesen definiert. Bei der Gewissenhaftigkeit wiederum wird bestimmt, wie genau und zielstrebig du eine Sache verfolgst. Ist deine Gewissenhaftigkeit schwach ausgeprägt, gehst du eher unbekümmert oder sogar nachlässig an gewisse Dinge heran. Ist die Gewissenhaftigkeit stark ausgeprägt, spricht das für einen organisierten und effektiven Menschen.

Das Big-Five-Modell kann in vielerlei Hinsicht für das eigene Berufsleben von Bedeutung sein. Auch wenn der Test bei deinem Arbeitgeber vielleicht nicht durchgeführt wird, kannst du dich mit den Fragen selbst einmal genauer unter die Lupe nehmen. So entdeckst du deine Schwachstellen und kannst daran arbeiten, diese zu verbessern. Der Test selbst hat sich über die letzten Jahre als zielgenaue Methode bewährt, mit der jedes Jahr hundertfach gearbeitet wird. Das Prinzip hinter dem Big-Five-Modell ist dabei enorm einfach und kann ohne großes Einlesen verstanden werden.

10.5 Das BIP™-Modell

Das BIP™-Modell (Bochumer Inventar zur berufsbezogenen Persönlichkeitsbeschreibung) wurde speziell zur berufsbezogenen Persönlichkeitsbeschreibung entwickelt und unterscheidet sich eindeutig von anderen Persönlichkeitstests. Zielgruppe sind berufstätige und arbeitssuchende Fach- und Führungskräfte, an denen der BIP-Test normiert wurde. Der eigenständige Test misst 17 für das Berufsleben bedeutsame Persönlichkeitseigenschaften, die sich vier Dimensionen zuordnen lassen:

Berufliche Orientierung	• Leistungsmotivation • Gestaltungsmotivation • Führungsmotivation
Arbeitsverhalten	• Gewissenhaftigkeit • Flexibilität • Handlungsorientierung
Soziale Kompetenz	• Sensitivität • Kontaktfähigkeit • Soziabilität • Teamorientierung • Durchsetzungsstärke
Psychische Konstitution	• emotionale Stabilität • Belastbarkeit • Selbstbewusstsein

Beispielhafte Items sind:

Es fällt mir leicht, mich für bevorstehende Aufgaben zu motivieren.
1 2 3 4 5 6
trifft überhaupt nicht zu trifft absolut zu

Ich übernehme gerne Verantwortung.
1 2 3 4 5 6
trifft überhaupt nicht zu trifft absolut zu

Ich plane gerne Projekte und finde es interessant, eigene Ideen miteinzubringen.
1 2 3 4 5 6
trifft überhaupt nicht zu trifft absolut zu

In Diskussionen schaffe ich es häufig, andere von meinen Ansichten zu überzeugen.
1 2 3 4 5 6
trifft überhaupt nicht zu trifft absolut zu

10.6 Fragen zu Persönlichkeitstests

Im Folgenden werden dir Fragen zu den Inhalten dieser Lektion gestellt. Zu jeder Frage werden vier Antwortmöglichkeiten angegeben. Wähle die richtige Antwort aus. Es können mehrere Antworten korrekt sein.

Zeit: **15 Minuten**

1. Welches Ziel verfolgen Persönlichkeitstests im Assessment Center?
a) innere Einstellung der Kandidaten erforschen
b) vollumfassende Beurteilung der Persönlichkeit
c) Ausprägung bestimmter persönlicher Eigenschaften
d) kognitive Leistungen feststellen

2. Welche persönlichen Eigenschaften werden häufig durch Persönlichkeitstests im Assessment Center untersucht?
a) Flexibilität
b) Belastbarkeit
c) Kooperationsvermögen
d) logisch-schlussfolgerndes Denkvermögen

3. Welche Aussage ist zutreffend?
a) Ein Persönlichkeitstest im Assessment Center stellt ein umfassendes Bild der Persönlichkeit der Kandidaten dar.
b) Ein Persönlichkeitstest im Assessment Center macht die Ausprägung bestimmter Persönlichkeitsmerkmale sichtbar.
c) Ein Persönlichkeitstest im Assessment Center kann unter anderem die Kooperationsbereitschaft messen.

d) Ein Persönlichkeitstest im Assessment Center wird dazu eingesetzt, um mathematische Fähigkeiten unter Beweis zu stellen.

4. Worauf weist das Wort „Items" im Zusammenhang mit Persönlichkeitstests hin?
a) die zu untersuchenden persönlichen Eigenschaften
b) Fragen im Persönlichkeitstest
c) Themen, die der Persönlichkeitstest abdeckt
d) Keine der Antworten ist korrekt.

5. Wobei handelt es sich bei einem psychometrischen Persönlichkeitstest?
a) Test, an den sich ein Interview mit den Beobachtern/Prüfern anschließt
b) Test, der mit einem nicht standardisierten Fragebogen erhoben wird
c) Test, in dem Kontrollfragen vorkommen
d) Test, der mittels eines standardisierten Fragebogens erhoben wird

6. Worauf weist das Wort "Dimensionen" im Zusammenhang mit Persönlichkeitstests hin?
a) Anzahl an Fragen
b) Eigenschaften, die im Test gemessen werden
c) Aussagen, die im Test als „zutreffend" oder „nicht zutreffend" eingeordnet werden müssen
d) verschiedene Kategorien von Aufgaben beziehungsweise Fragen im Test

7. Welche der Aussagen ist zutreffend?
a) Da die Auswertung des Persönlichkeitstests gesondert erfolgt, wird im Interview kein Bezug darauf genommen.
b) Die Bezeichnung „psychometrisch" gibt Aufschluss auf die Zielsetzung des Persönlichkeitstests.
c) Teilbereiche des Persönlichkeitstests können im Interview gezielt hinterfragt werden.
d) Psychometrische Persönlichkeitstests beinhalten immer dieselben Frage-Antwort Schemen, wie zum Beispiel die Beantwortung durch eine Skala.

8. Aus welchen Gründen ist es nicht sinnvoll, bei den Fragen im Persönlichkeitstest zu taktieren und unehrlich zu antworten?
a) Die Bearbeitungszeit reicht dafür nicht aus.
b) Das Testergebnis wird nicht eigenständig betrachtet.
c) Das Testergebnis dient als Abgleich mit den Beobachtungen aus den anderen Stationen des Assessment Center.
d) Falsche Angaben im Persönlichkeitstests erzeugen einen Widerspruch zu den Beobachtungen in den anderen Stationen des Assessment Center.

9. Aus welchen Gründen ist es nicht sinnvoll, im Persönlichkeitstest zu tricksen?
a) Das Ergebnis wird auf Basis eines komplexen Algorithmus erstellt.
b) Aufgrund des Testumfangs ist es nicht möglich, jede einzelne Aussage unter taktischen Gesichtspunkten abzuwägen.
c) Eine hohe Punktzahl bzw. eine hohe Ausprägung bei einer bestimmten Dimension muss nicht zwangsläufig zu einem positiven Ergebnis führen.
d) Sehr hohe Werte im Sinne einer übertriebenen Beantwortung können zu einer negativen Bewertung führen.

10. Welche Aussage ist zutreffend?
a) Falls kein Zeitlimit für die Bearbeitung des Persönlichkeitstests vorgegeben wird, kannst du dir so viel Zeit für die Beantwortung nehmen, wie du möchtest.
b) In der Testauswertung mancher Online-Tests wird die Bearbeitungszeit dokumentiert.
c) Die Bearbeitungszeit spielt bei Online-Tests keine Rolle.
d) Eine deutliche Überschreitung der vorgegebenen Bearbeitungszeit kann auf die Inanspruchnahme fremder Hilfe hinweisen und sollte daher vermieden werden.

11. Was trifft auf Persönlichkeitstests im Assessment Center zu?
a) Die Antworten werden, wie bei einem Leistungstest, in „richtig" oder „falsch" einsortiert.
b) Die Antworten schlagen sich in der Ausprägung bestimmter persönlicher Eigenschaften nieder.
c) Das Ergebnis des Persönlichkeitstests wird als allgemeingültige Beschreibung der Persönlichkeit des Kandidaten gewertet.

d) Das Ergebnis des Persönlichkeitstests wird gemeinsam mit den Beobachtungen anderer Stationen/Aufgaben des Assessment Center betrachtet.

12. Wie sollten die Aufgaben/Fragen im Persönlichkeitstest bearbeitet werden?
a) spontan und ehrlich
b) taktisch und abwägend
c) zunächst überlegen, welche Antwort bei der jeweiligen Frage wohl gewünscht ist
d) bei einer Antwortskala stets die höchste Ausprägung wählen, um maximale Motivation beziehungsweise Belastbarkeit zu suggerieren

13. Welche persönlichen Eigenschaften werden häufig im Persönlichkeitstest untersucht?
a) Flexibilität
b) Leistungsmotivation
c) Selbstbewusstsein
d) kognitive Leistung

14. Was sollte bei der Bearbeitung von Online-Persönlichkeitstests beachtet werden?
a) Bei der Bearbeitung sollte man sich an der vorgegebenen beziehungsweise empfohlenen Bearbeitungszeit orientieren.
b) Falls kein Zeitlimit für die Bearbeitung vorgegeben ist, braucht man sich an der Zeitvorgabe nicht orientieren.
c) Da Online-Tests häufig vorab stattfinden und kein Zusammenhang mit den Aufgaben im Assessment Center hergestellt werden kann, können die Fragen auch unehrlich beantwortet werden.
d) Auch bei Online-Tests gilt es, die Fragen ehrlich und spontan zu beantworten.

15. Welche Frage-Antwort Formate können in einem Persönlichkeitstest vorkommen?
a) Festlegung auf eine Aussage
b) Aufstellung eines Rankings
c) Zustimmung/Ablehnung
d) Bewertung auf einer Skala

Lösungen

Zu 1.: a), c)

Zu 2.: a), b), c)

Zu 3.: a), c)

Zu 4.: a)

Zu 5.: d)

Zu 6.: b)

Zu 7.: c)
Für die Beobachter im Assessment Center ist es interessant, bestimmte Testteile im Interview gezielt zu hinterfragen, falls darin Auffälligkeiten erkennbar sind. So könnte man eine Kandidatin im Interview darauf aufmerksam machen, dass der Persönlichkeitstest gezeigt hat, dass sie ein hohes Kooperationsvermögen aufweist. Im Anschluss würde man die Kandidaten sehr wahrscheinlich danach fragen, wie sich dies in ihrem bisherigen beruflichen und schulischen Alltag gezeigt hat.

In einem Persönlichkeitstest können sich unterschiedliche Frage-Antwort Formate, wie die Bewertung auf einer Skala oder Zustimmung/Ablehnung abwechseln.

Zu 8.: a), b), c), d)

Zu 9.: a), b), c), d)

Zu 10.: b), d)

Zu 11.: b), d)

Zu 12.: a)

Zu 13.: a), b), c)

Zu 14.: a), d)

Zu 15.: a), b), c), d)

11. Ergebnisinterview und Ergebnispräsentation

Immer wieder werden Aufgaben im Assessment Center so aufgebaut, dass nach der eigentlichen Bearbeitung das Ergebnis präsentiert werden soll oder ein Interview mit den Beobachtern zu der Aufgabe stattfindet. So ist es bei Gruppenaufgaben sogar gängige Praxis, dass das Ergebnis vor den Beobachtern präsentiert wird. Bei der Case Study wird ebenfalls gerne eine Präsentation angehängt und auf die Postkorbübung folgt nicht selten ein Interview. Diese Ergebnispräsentation beziehungsweise das Ergebnisinterview ist wichtig für die Beurteilung der Aufgabe. Bei einer Aufgabe wird dann nicht nur die eigentliche Lösungsfindung beurteilt, sondern auch die Art und Weise, wie das Ergebnis präsentiert wurde. Sehen wir uns diese Komponenten also etwas genau an und klären, worauf es dabei ankommt.

11.1 Das Ergebnisinterview im Assessment Center

Das Ergebnisinterview findet häufig im Anschluss an das Rollenspiel oder die Postkorbübung statt. In diesem strukturierten Interview werden Rückfragen zu deiner Vorgehensweise in der jeweiligen Aufgabe gestellt. Häufige Fragen im Ergebnisinterview sind:

- Wie sind Sie mit der Aufgabenstellung zurechtgekommen?
- Wie haben Sie sich bei dieser Aufgabe gefühlt?
- Wie sind Sie zu Ihrem Ergebnis gekommen?
- Welche Argumente haben Sie überzeugt? (Interview nach der Gruppendiskussion)
- Wie haben Sie die Gruppendiskussion empfunden?
- Können Sie uns bitte Ihre Vorgehensweise im Rollenspiel genauer erläutern?

Das Ergebnisinterview dient den Beobachtern dazu, ein direktes Feedback zu der Aufgabe zu erhalten. Darüber hinaus soll der Bewerber aufzeigen, wie er bei der Lösung vorgegangen ist. Für die Assessoren ist es dabei interessant zu sehen, wer nach einem Konzept vorgeht, und wer aufs Geratewohl die Aufgabe bearbeitet. Je nach der vorangegangenen Aufgabe gibt es weitere Fragen, die sich anbieten. Nach einer Gruppenaufgabe wird etwa gefragt, wie du die Zusammenarbeit mit den anderen

Teammitgliedern empfunden hast oder welche Argumente dich besonders überzeugt haben. Im Gegensatz zur Ergebnispräsentation musst du im Ergebnisinterview nicht aktiv etwas vorstellen, sondern du bekommst gezielte Fragen zur vorangegangenen Aufgabe und deiner Lösungsfindung gestellt.

11.2 Die Ergebnispräsentation im Assessment Center

Eine Ergebnispräsentation findet häufig im Anschluss an Teamaufgaben, wie die Gruppendiskussion oder auch Einzelaufgaben wie der Case Study statt. Das Ergebnis der Aufgabe ist zugleich das Thema der Präsentation. Alle wichtigen Kenntnisse und Daten, die du in der vorigen Aufgabe erarbeitet hast, sollen in diesem Vortrag noch einmal aufbereitet werden. Bei Teamaufgaben handelt diese Präsentation in der Regel davon, die Beobachter von der eigenen Vorgehensweise zu überzeugen und die wichtigsten Argumente für die eigene Lösung vorzustellen. In jedem Fall musst du damit rechnen, dass seitens der Beobachter Rückfragen gestellt werden. Wichtig für die Ergebnispräsentation:

- Erläutere die Ausgangslage beziehungsweise das Ausgangsproblem (bei Case Study).
- Erläutere deine Priorisierung (bei Postkorbübung).
- Gehe auch auf die Gegenposition ein (bei Gruppendiskussion).
- Beende deinen Vortrag mit dem stärksten Argument.
- Schließe die Präsentation mit einem Ausblick auf die Zukunft ab.

11.3 Fragen zu Ergebnispräsentation und -interview

Nun kannst du dein Wissen zu Kapitel 11 testen. Die folgenden 15 Fragen beschäftigen sich mit der Ergebnispräsentation und dem Ergebnisinterview im Assessment Center. Die Lösungen zu den Fragen findest du im Anschluss. Es können mehrere Antworten korrekt sein.

Zeit: **15 Minuten**

1. Was ist ein Ergebnisinterview?
a) strukturiertes Interview im Anschluss an eine Aufgabe im Assessment Center
b) isolierte Präsentationsaufgabe im Assessment Center
c) jedes Interview im Assessment Center
d) einführendes Gespräch zum Beginn des Assessment Center

2. Was ist der Hauptgegenstand des Ergebnisinterviews?
a) Verhalten des Kandidaten soll erklärt werden.
b) Teamfähigkeit prüfen
c) Rückfragen zur Vorgehensweise in der Assessment-Center-Aufgabe werden gestellt.
d) Keine der Antworten ist korrekt.

3. Welche Fragen kommen häufig im Ergebnisinterview vor?
a) Fragen zur Aufgabenstellung
b) Fragen zum Ergebnis
c) Fragen zur Diskussion
d) Fragen zu anderen Diskussionsteilnehmern

4. Nach welchen Aufgaben findet im Assessment Center häufig ein Ergebnisinterview statt?
a) Case Study/Fallstudie
b) kognitiver Leistungstest
c) Postkorbübung
d) Gruppendiskussion

5. Nach welchen Aufgaben findet im Assessment Center häufig eine Ergebnispräsentation statt?
a) Gruppendiskussion
b) kognitiver Leistungstest
c) Persönlichkeitstest
d) Case Study/Fallstudie

6. Wie gestaltet sich eine Ketten-Argumentation?
a) Die Argumente bauen aufeinander auf.
b) Die Argumente haben keinen Zusammenhang.
c) Vor- und nachteilige Argumente werden wechselseitig vorgestellt.
d) Lediglich die Vorteile werden vorgestellt.

7. Was steht am Ende der Ketten-Argumentation?
a) Abwägung
b) Ergebnis/Appel
c) das stärkste Argument
d) Resümee zur Ausgangslage

8. Was erfolgt bei der Gegenüberstellung?
a) Beide Ansichten/Positionen werden abgewogen.
b) Sowohl die gegenteilige als auch die eigene Meinung werden dargestellt.
c) Lediglich die eigene Meinung wird dargestellt.
d) Ausschließlich die Argumente der Gegenseite werden vorgestellt.

9. Womit beginnt die Gegenüberstellung?
a) eigene Meinung
b) Gegenvorschlag
c) Ausgangslage
d) Abwägung

10. Welche Punkte sollte eine gelungene Ergebnispräsentation beinhalten?
a) Ausblick auf die Zukunft
b) Erklärung der Ausgangslage
c) Erläuterung der Priorisierung
d) Argumente für die gewählte Vorgehensweise

11. Welche Aussage ist zutreffend?
a) Das Ergebnisinterview findet häufig nach der Fallstudien-Aufgabe oder Case Study statt.
b) Im Ergebnisinterview geht es darum, die Teamfähigkeit der Kandidaten zu überprüfen.
c) Das Ergebnisinterview findet häufig nach den kognitiven Leistungstests statt.
d) Im Ergebnisinterview wird das Ergebnis des kognitiven Leistungstests besprochen.

12. Welcher ist kein Aspekt einer Ketten-Argumentation?
a) Gegenüberstellung der Positionen A und B
b) Folgerung aus der Ausgangslage
c) Ergebnis/Appell
d) Lösungsbeschreibung (was zu tun ist)

13. Wozu dient das Ergebnisinterview?
a) Einführung in das Assessment Center
b) Analyse der Vorgehensweise in einer Postkorbübung
c) Analyse der Vorgehensweise in einer Case Study
d) Vorbereitung auf das strukturierte Interview

14. Welche Aussage ist falsch?
a) Im Ergebnisinterview wird gerne gefragt, ob die Aufgabenstellung verständlich war.
b) Bei einer Gegenüberstellung werden zwei (oftmals gegensätzliche) Positionen verglichen.
c) Bei der Ketten-Argumentation bauen die Argumente aufeinander auf.
d) Am Ende der Ketten-Argumentation steht der Vergleich der verschiedenen Positionen.

15. Welche Aussage ist zutreffend?
a) Die Gegenüberstellung beginnt mit einer Darstellung der Ausgangslage.
b) Die Gegenüberstellung beginnt mit dem Vergleich zweier Positionen A und B.
c) Bei der Gegenüberstellung wird zunächst die eigene Position erläutert, bevor die Gegenposition vorgestellt wird.

d) Im Ergebnisinterview werden keine Fragen zur Vorgehensweise im Assessment Center gestellt.

Lösungen

Zu 1.: a)

Zu 2.: a), c)

Zu 3.: a), b), c)

Zu 4.: a), c)

Zu 5.: a), d)

Zu 6.: a)

Zu 7.: b)

Zu 8.: a), b)

Zu 9.: c)

Zu 10.: a), b), c), d)

Zu 11.: a)

Zu 12.: a)

Zu 13.: b), c)

Zu 14.: d)

Zu 15.: a)

Nachwort

In den elf Kapiteln dieses Buches haben wir die wichtigsten Aufgaben im Assessment Center vorgestellt. Nun hast du alle notwendigen Lösungsstrategien an der Hand, um dein Assessment Center mit Erfolg zu durchlaufen. Gemeinsam mit den Videos und Lektionen des Online-Trainers kannst du dich effektiv auf dein Assessment-Seminar vorbereiten.

An dieser Stelle möchten wir dich darauf hinweisen, dass kein Testtrainer und kein Übungsbuch zur Vorbereitung auf ein Auswahlverfahren den hundertprozentigen Anspruch auf Vollständigkeit haben kann. Auswahlverfahren werden stetig weiterentwickelt und im Laufe der Zeit finden neue Übungen Einzug in die Bewerbungsverfahren. Die in den vorangegangenen Kapiteln behandelten Aufgaben sind die wichtigsten Stationen im Assessment Center und mit sehr großer Wahrscheinlichkeit wird dein Seminar aus einer Auswahl dieser Aufgaben bestehen. Hierzu noch ein Hinweis für den Fall, dass du dich im Laufe deines Auswahlverfahrens vor einer Aufgabe wiederfindest, die nicht in diesem Buch oder im Online-Lehrgang beschrieben wurde: Lass dich vom Titel der Aufgabe nicht verunsichern! So wie ein Assessment Center gerne unter dem Deckmantel eines „Eignungsseminars“ oder eines „Bewerbercoachings“ verschleiert wird, werden auch einzelne Aufgaben immer wieder gern unter neuen Namen geführt. Lies dir in solch einem Fall also zunächst immer die Aufgabenstellung genau durch und achte auf die Instruktionen der Beobachter. Bei zunächst unbekannt erscheinenden Aufgaben hast du es oft mit einer eigentlich bekannten Aufgabe zu tun, die nur unter neuem Namen auftritt. Lass dich daher vom Titel der Übung nicht verunsichern. Selbst die in Zukunft erst noch entwickelten Aufgaben werden sich im Kern allesamt mit der Leistungsmotivation, der Kompetenz sowie der Persönlichkeit der Bewerber beschäftigen. Jede Aufgabe im Assessment Center dient dazu, gewisse persönliche Eigenschaften feststellen zu können.

Wir hoffen, dass wir dir mit diesem Lehrgang viele wertvolle Tipps und Strategien mit auf den Weg geben konnten, um dein Auswahlverfahren für dich zu entscheiden. Wir freuen uns stets auf deine Rückmeldung. Zum Schluss wünschen wir dir viel Erfolg für dein Assessment Center!

Dein Plakos Team

Glossar

Begriff	Definition/Erklärung
Aktives Zuhören	Betonte und bewusste Reaktion eines Gesprächspartners auf die Botschaft eines Sprechers
Assessment Center	Verfahren zur Einschätzung der Leistungsmotivation, der sozialen Kompetenz, der Persönlichkeit sowie des Aktivitätspotenzials von Bewerbern
Big Five	Modell der Persönlichkeitspsychologie, nach dem fünf Hauptdimensionen der Persönlichkeit existieren und sich jeder Mensch auf diesen fünf Skalen (Offenheit für Erfahrungen, Gewissenhaftigkeit, Extraversion, Verträglichkeit und Neurotizismus) einordnen lässt
Bochumer Inventar zur berufsbezogenen Persönlichkeitsbeschreibung	Psychologisches Testverfahren zur systematischen Erfassung berufsrelevanter Persönlichkeitsmerkmale (berufliche Orientierung, Arbeitsverhalten, soziale Kompetenz und psychische Konstitution)
Brainstorming	Verfahren, in dem spontane Einfälle gesammelt und aufgeschrieben werden, um die geeignetste Lösung für ein Problem zu finden
Case Study	Aufgabe in einem Auswahlverfahren, in der der Kandidat in der Rolle eines Mitarbeiters in einer vorgegebenen Zeit unter Berücksichtigung von zahlreichen Unternehmensdaten ein betriebliches Problem lösen muss
Empathie	Bereitschaft und Fähigkeit, sich in die Einstellungen anderer Menschen hineinzufühlen

Multimodales Interview	Eine von Heinz Schuler entwickelte Abfolge von Gesprächsabschnitten zur Strukturierung eines Vorstellungsgesprächs, die anhand vorher festgelegter Kriterien zu einer objektiven Bewerberbeurteilung führt
Organigramm	Schema über den Aufbau einer Organisation (z. B. eines Unternehmens, einer Behörde), aus dem Arbeitseinteilung oder die Zuweisung bestimmter Fachgebiete an einzelne Personen hervorgeht
Postkorbübung	Aufgabe in einem Auswahlverfahren, in der der Kandidat anhand eines Posteingangs das Tagesgeschäft in einem Unternehmen für die kommenden Tage und Wochen organisieren muss
Rhetorik	Redekunst; die Lehre von der wirkungsvollen Gestaltung der Rede
Soft Skills	Sammelbegriff für persönliche, methodische und soziale Kompetenzen

Quellenverzeichnis

Jürgen Hesse/Hans Christian Schrader: *Die 100 wichtigsten Tipps zum Assessment Center – Für eine optimale Vorbereitung in kürzester Zeit*, 1. Auflage 2015

Johannes Stärk: *Assessment-Center erfolgreich bestehen – Das Standardwerk für anspruchsvolle Führungs- und Fach-Assessments*, 23. Auflage 2020

Doris Brenner/Frank Brenner: *Assessment-Center – Grundlagen, Übungen und Ablauf eines ACs*, 4. überarbeitete Auflage 2011

Online-Bewerber-Training

Bestehe deinen Einstellungstest mit der Plakos-Einstellungstest-App!

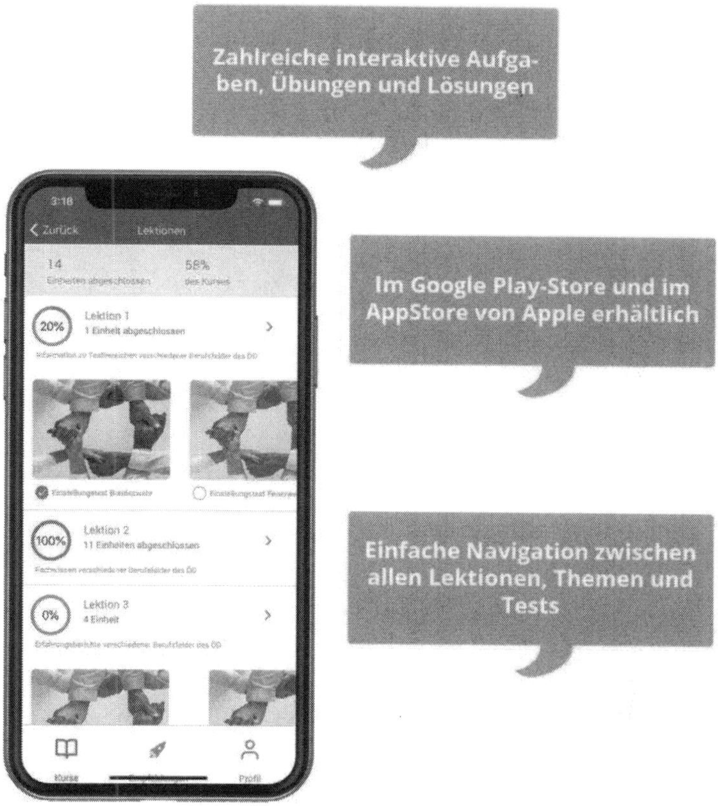

Bestehe deinen Einstellungstest mit der Plakos-Einstellungstest-App! Mit der Plakos-App hebst du deine Einstellungstest-Vorbereitung auf ein neues Level! Du profitierst von Lösungswegen und ausführlichen Erklärungen zu jeder Aufgabe. Am Ende bekommst du eine Auswertung deiner Ergebnisse. Sichere dir jetzt deinen Vorteil gegenüber anderen Mitbewerbern! Wähle die gewünschte Berufsgruppe aus und melde dich mit deinen Zugangsdaten aus dem Mitgliederbereich der Plakos Akademie an. Es werden dir dann die passenden Übungen für den Einstellungstest angezeigt.

Plakos-Online-Testtrainer – die optimale Vorbereitung für dich!

Strukturierter Ablauf, Lösungswege und Kernfortschrittsanzeigen

Kurse und Lektionen abgestimmt auf den jeweiligen Beruf

Lern- und Erklärvideos sowie Experten-Tipps

Tausende Bewerber üben jährlich ganz konkret mit den Plakos-Online-Testtrainings. Sie gehen anschließend mit mehr Selbstbewusstsein und Wissen in ihr Auswahlverfahren.
Die Online-Testtrainer gibt es in verschiedenen Preiskategorien für zahlreiche Berufe wie zum Beispiel im öffentlichen Dienst, im Bereich Gesundheit, Pflege und Soziales oder für technische und kaufmännische Berufe.

Da du bereits dieses Buch erworben hast, möchten wir dir an dieser Stelle einen **Gutschein für unsere Online-Programme in Höhe von 15 Euro** schenken. Die folgende Kurzanleitung beschreibt dir, wie du den Gutschein einlösen kannst:

1. Öffne den Browser auf deinem Smartphone, Tablet oder deinem Desktopcomputer.
2. Scanne den QR-Code oder gib die folgende URL in die Adresszeile ein oder: plakos-akademie.de/produkt/app-testtrainer-vollversion-15/
3. Mit dem Produkt „Testtrainer App" hast du Zugriff auf fünf unserer Kurse: Testtrainer, Allgemeinwissen, Konzentration, Logik und Sprache.
4. Gib am Ende des Bestellprozesses den folgenden Gutscheincode ein. Bitte beachte, dass mit dem Gutscheincode in der Testtrainer App nicht alle Plakos-Akademie-Kurse freischaltet sind.

verwaltungsbuchrabatt15

Bei Fragen kannst du gerne eine E-Mail an support@plakos.de senden. Antworten auf häufig gestellte Fragen findest du auf der Webseite plakos-akademie.de/kundenservice/. Eine Übersicht zu allen Lern-Apps von Plakos findest du unter plakos-akademie.de/kundenservice-apps/.

Printed in Poland
by Amazon Fulfillment
Poland Sp. z o.o., Wrocław

93083487R00152